PRACTICAL THEORY OF BEAUTY SERVICE

뷰티서비스실무론

구민사

저자약력

홍수남

- 건국대학교 이학박사
- 현) 한성대학교 뷰티디자인학과 교수
- 메이크업 & 뷰티스타일링 전문가
- 퍼스널컬러 이미지메이킹 전문가
- 세미퍼머넌트메이크업 전문가
- 국가평생교육진흥원 학점은행제 미용분야 평가위원
- 한국산업인력공단 미용분야 국가기술자격시험 감독 및 출제위원
- 대한미용학회 상임이사 및 교육위원장
- K-뷰티산업협회 자문위원

뷰티서비스실무론

초판 인쇄 2022년 10월 5일
초판 발행 2022년 10월 15일

| 지 은 이 | 홍수남
| 발 행 인 | 조규백
| 발 행 처 | 도서출판 구민사
(07293) 서울특별시 영등포구 문래북로 116, 604호(문래동3가 46, 트리플렉스)
| 전 화 | (02)701-7421(~2)
| 팩 스 | (02)3273-9642
| 홈페이지 | www.kuhminsa.co.kr
| 신고번호 | 제 2012-000055호(1980년 2월 4일)
| ISBN | 979-11-6875-114-9(93590)

| 정 가 | 18,000원

머리말

현대인은 다양한 서비스 환경 속에서 살고 있습니다. 서비스라는 것은 가시적이지 않은 무형성으로 서비스 종사자의 마인드, 노하우, 경력, 인성, 태도, 전문지식 등에 의해서 그 가치가 결정되고 고객들은 그 가치를 금전과 시간으로 구매하게 됩니다. 따라서 서비스의 퀄리티와 노하우는 고객만족과 재방문, 구전의도로 연결되어 직접적으로 기업의 이미지와 매출과 직결된다고 해도 과언이 아닙니다.

본 저서는 뷰티 비즈니스 관련 서비스 현장에서 실무자가 지켜야 할 에티켓과 매너의 적절한 활용법, 서비스 종사자의 호감연출을 위한 이미지메이킹과 최상의 이미지 각인을 위한 퍼스널컬러의 활용 노하우, 외적으로 보이는 체형분석과 패션전략 등을 수록하였습니다. 또한 서비스 실무현장에서 필요한 고객서비스에 대한 전문적인 고객이론과 다양한 고객상담 화법, 블랙컨슈머 응대법의 이해, '지피지기면 백전백승이다'의 속담처럼 고객의 심리를 알면 성공적인 마케팅을 효율적으로 할 수 있는 방법론과 서비스마케팅, 홍보전략을 이해하기 위한 방법론으로 구성되었습니다.

따라서 서비스 실무전문가가 되기 위한 기본적인 에티켓과 매너, 이미지 연출법, 고객상담 노하우 등을 숙지하여 고객만족을 실현하고 실력 있는 뷰티전문가가 되기 위한 도움 자료가 되었으면 합니다.

마지막으로 출판에 도움을 주신 구민사 조규백 대표님과 관계자 분들께 깊은 감사의 말씀을 드립니다.

목차 CONTENTS

Chapter 04

Chapter 05

MANNE

Chapter 01

비즈니스 매너의 이해

1. 에티켓과 매너
2. 인사 매너
3. 악수 매너
4. 명함 매너
5. 전화 매너
6. 글로벌 매너

1. 에티켓과 매너

현대사회가 산업화 되고 경제적, 정신적 여유가 없고, 우리 삶이 인스턴트화 될수록 이기주의와 개인적인 성향이 난무하고 있다. 이를 입증하는 증거들로 공동체의식 결여, 도덕성 상실, 비윤리적인 행동 등이 현실 속에 나타나고 이를 다룬 언론매체를 쉽게 찾아볼 수 있다.

인간은 사회적 동물이므로 혼자서의 삶을 영위할 수 없고 타인과 더불어 삶을 살아가야 한다. 따라서 대인관계 시 항상 지켜야 되는 예의범절, 에티켓, 매너 등은 현대사회를 살아가는 우리들에겐 필수불가결의 요건이다. 이러한 요건들은 올바른 인성을 구축하기 위한 하나의 행동이고, 이를 기본으로 하여 좋은 인적 네트워크가 형성되고 성공적인 비즈니스로 연결된다.

매너와 유사한 의미로 다양한 용어들이 있는데, 주로 예의범절, 에티켓 등이 이에 속한다. 먼저 매너와 예의범절, 에티켓에 대해서 표 1-1에 자세하게 정리하였다.

[표 1-1] 예의범절, 에티켓, 매너의 의미 비교

구분	내용	비고
예의범절	일상생활에서 갖추어야 할 모든 예의와 절차	형식과 규범, 행동 양식 포함 (에티켓+매너)
에티켓	사교상의 마음이나 몸가짐의 예의범절	형식 또는 규범
매너	태도 혹은 일상생활에서의 예의와 절차	행동 방식

1 예의범절

예의는 대인관계에서 상대방의 의견을 존중하고 배려하는 성향이 내재되어 있고, 혼자가 아닌 여러 사람들과 어울려서 공동체생활의 질서와 조화를 형성하는 규범, 행동 양식 등의 인간 관계를 의미한다. 주로 예의범절은 한국적 정서에서는 상하 관계에 대한 유교사상을 내포하고 있다.

예의는 '예(禮)'에서 시작이 되며, 일상생활에서 갖추어야 할 모든 예의와 절차이며, 사람이 살아가면서 당연히 지켜야 할 도리이다. 중국 춘추시대 때 공자는 예에 대해서 '사람의 기강을 바로 잡는 방법 중 예가 가장 중요하다'고 하였다. 이처럼 예는 도덕 규범의 핵심으로서 '의(義)'와 결합하여 '예의(禮義)'라고 하였고, 이는 사회질서를 바로 잡는데 중요한 역할을 한다.

범절은 법도에 맞는 모든 질서나 절차를 의미하며, 예의와 결합해서 '예의범절'로 사용된다. 줄임말로는 '예의'로 통용된다. 즉, 모든 면에서 사회생활, 공동체생활을 원만하게 하기 위한 순서와 절차라고 할 수 있다.

공자는 예의, 즉 예법에 대해서 '예가 아니면 보지도 말고, 듣지도 말며, 말하지도 말고, 행동하지도 말라'고 할 만큼 예의의 중요성을 강조하였고, 이를 숭배하는 우리나라를 동방예의지국이라고 하였다. 즉, 예의범절은 에티켓의 형식과 규범, 매너의 행동 양식 모두를 포함한 것을 의미한다.

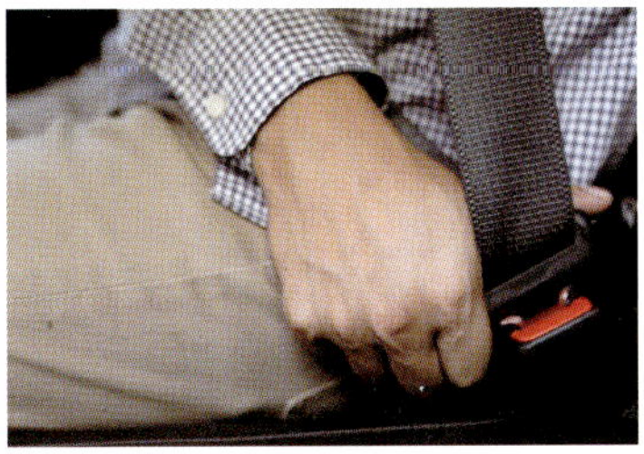

[그림 1-1] 안전벨트 필수 착용

[그림 1-2] 보행자 신호등 준수

[그림 1-3] 금연

2 에티켓

에티켓(Etiquette)은 프랑스어로 예의범절을 일컫는 말이다. 이는 프랑스 동사 Estiquer(붙이다)에서 유래된 말로, '나무에 말뚝을 붙인 표지'라는 뜻에서 표지판의 뜻이 되었고, 예의범절을 익힌 사람이 왕실을 출입할 수 있는 티켓(Ticket)과 같은 것을 의미하는 것에서 유래되었다. 이처럼 에티켓은 상대방에 대한 존중을 바탕으로 하여 혼자가 아닌 공동체생활을 할 때 바람직한 예의범절을 가리키는 사회적 약속이며, 사회의 질서를 유지하기 위한 대인간의 행동 규범을 의미한다.

에티켓에 대해서 흔히 단체로 하는 운동인 댄스스포츠, 여러 명이 어울려서 하는 골프의 경우, 에티켓이라는 말을 자주 사용하게 된다. 즉, 에티켓은 대중, 공용, 상호, 공동체생활을 하는 일상생활 또는 스포츠 등에서 주로 에티켓이 '있다', '없다'로 표현하게 된다. 이것은 일종의 규범인데, 법적인 구속력은 없지만 사회적 약속이고 질서이므로 꼭 지켜야 하는 것으로 규정하고 있다.

19세기 말 서양에서는 부르주아 사교계의 '관계', '예의범절'이 현대 프랑스 에티켓의 선례가 되었고, 이것이 발전하여 국제간의 외교 의례로 사용되며 프로토콜(Protocole)이라는 프랑스어로 지칭되었다.

현대사회에서 에티켓의 의미는 일상생활 또는 비즈니스의 모든 관계에서 지향하는 본질은 같은데, 주로 상대방에게 폐를 끼치지 않아야 하고, 상대방에게 호감을 주어야 함은 물론 상대방을 존중해야 된다는 것이 기본 전제로 내재되어 있다.

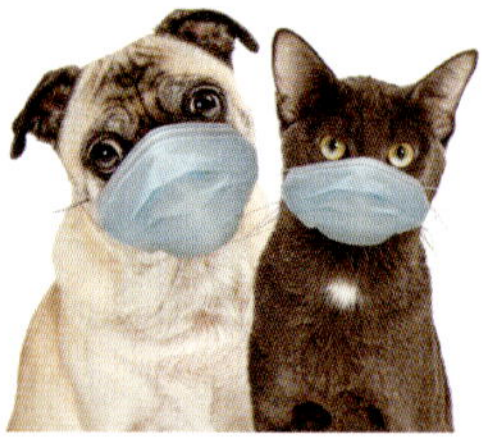

[그림 1-4] 펫티켓

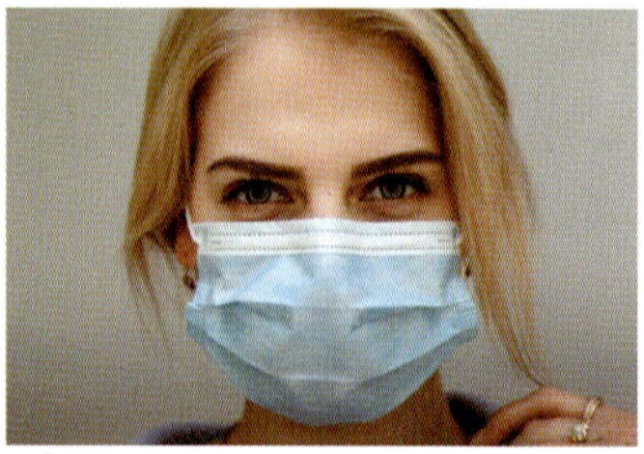

[그림 1-5] 마스크 필수 착용

[그림 1-6] 팔꿈치 인사

3 매너

행동 양식이나 태도 혹은 일상생활에서의 예의와 절차를 의미한다. 유사한 용어로 에티켓이 있는데, 이 두 가지 용어의 차이점은 에티켓이 지켜야 할 형식 또는 규범이라면 매너는 행동 방식이라는 차이점이 있다.

매너의 어원은 Manuarius(Manus와 Arius의 복합어)라는 라틴어에서 유래됐는데, 여기서 Manus는 사람의 손(Hand)과 행동, 습관을 의미하고, Arius는 방법과 방식을 뜻한다. 또 다른 측면에서의 매너는 '방식', '양식' 등의 뜻으로 사용되며, 미술용어에서는 '…풍', '…식'으로 해석된다. 즉, 매너는 내가 아닌 타인이나 대중을 대하는 자세, 태도, 몸가짐, 버릇 등의 행동을 의미하며, 이는 대부분 '좋다', '나쁘다', '있다', '없다'로 표현되는데 주로 객관적인 감성이기보다는 마주하는 사람의 주관적인 감정으로 표현하는 경우가 많다. 특히 현대인에게 매너의 여부는 성공적인 사회생활의 필수요건이며, 인간관계를 원활히 함은 물론, 상대방을 비롯한 인간관계에서 긍정적인 이미지를 심어주고, 이는 곧 호감으로 연결되기에 원만하고 유연한 사회생활을 하기 위해서는 매너가 현대인에게 매우 중요하다.

[그림 1-7] 인사 매너

[그림 1-8] 명함 매너

[그림 1-9] 악수 매너

매너의 기본 이념은 상대방을 존중하고 배려하며, 대인관계 시 불편함이 없게 행동하는 것으로 일상생활과 비즈니스 상에서 절대적으로 필요하며, 매너의 행동 방식은 상황에 따라 변화할 수 있는데, 대인관계 시 바이러스의 감염 예방과 공중보건과 안전위생을 위해서는 인사 매너가 사회적인 환경과 상황에 맞게 인사하는 것이 매우 중요하다.

[그림 1-10] 일반적인 악수

[그림 1-11] 코로나식 악수

4 서비스 매너

서비스 매너는 경영활동을 위한 비즈니스를 위해서 갖추어야 할 행동 양식을 의미한다. 주로 서비스 매너는 올바른 인성에서 출발하여 고객과의 접점에서 고객의 입장에서 생각하고 배려하며 행동하는 것을 기본으로 하며, 고객의 니즈를 파악하여 상황에 맞게 대처할 수 있는 신속한 응대가 중요하며, 이는 곧 서비스 경쟁사회에서 하나의 경쟁력의 원천이 된다.

(1) 비즈니스 관점의 서비스 매너 효과

① 기본적인 매너 유지를 위한 고객만족도 향상

② 마케팅 및 세일즈를 할 때 유리하게 작용

③ 신규방문 및 재방문 의도에 긍정적인 영향

④ 충성고객 확보 및 구전의도에 긍정적인 영향

⑤ 기업 내 종사자 간의 커뮤니케이션의 수단으로 작용

(2) 서비스 매너의 필수 요소

① 스마일 하는 호감적인 이미지 각인

② 고객을 존중하고 배려하는 바른 자세와 태도

③ 단정하고 깔끔한 용모와 복장

④ 친절하고 상냥한 스피치의 의사소통 능력

⑤ 고객의 목소리를 경청하고, 이해하는 공감 능력

⑥ 고객과의 상호 신뢰감 형성 능력

⑦ 전반적인 내, 외적 이미지메이킹 능력

5 네티켓

네티켓(Netiquette)은 네트워크(Network)와 에티켓(Etiquette)의 합성어로 네티즌들이 네트워크상에서 지켜야 할 예의범절을 의미하며, 이것은 현실 공간이 아닌 사이버 공간, 즉 네트워크 가상 공간에서 올바른 공동체를 형성하기 위해 필요한 행동규범이라고 할 수 있다.

최근 보이지 않는 사이버 공간에서 확인되지 않은 내용을 악성 댓글로 상습 유포하는 키보드 워리어가 출현하면서 대인간의 관계에서 네티켓의 중요성이 더욱 부각되고 있다.

+ Keypoint

키보드 워리어(Keyboard Warrior) : 컴퓨터 키보드를 두드리며 악성 댓글을 상습적으로 유포하는 네티즌을 일컫는 말이다. 이들은 일상생활에서 할 수 없는 말과 행동들을 얼굴이 보이지 않는 인터넷상에서 마구잡이로 행동하면서 본인의 힘을 과시하는 특징이 있다. 또한 인터넷상 사실 여부를 확인하지 않고 풍문이나 소문을 무차별적으로 유포하거나 타인에 대한 비방과 험담의 내용이 담긴 글을 거리낌 없이 작성하여 유포하는 사람을 의미한다. 이러한 키보드 워리어는 타인에게 불편함을 주는 것은 확실하지만, 아직까지는 사회적인 규범에 위배되는지를 규정짓는 일이 남아 있다.

(1) 네티즌이 지켜야 할 필수 원칙

① 타인의 시간을 존중하라.
② 대면생활과 동일한 기준으로 행동하라.
③ 타인의 사생활과 개인정보를 존중하라.
④ 논쟁 시 자신의 감정을 절제하라.
⑤ 다인의 실수를 용시하라.
⑥ 자신이 속한 곳의 문화와 규율에 맞게 행동하라.

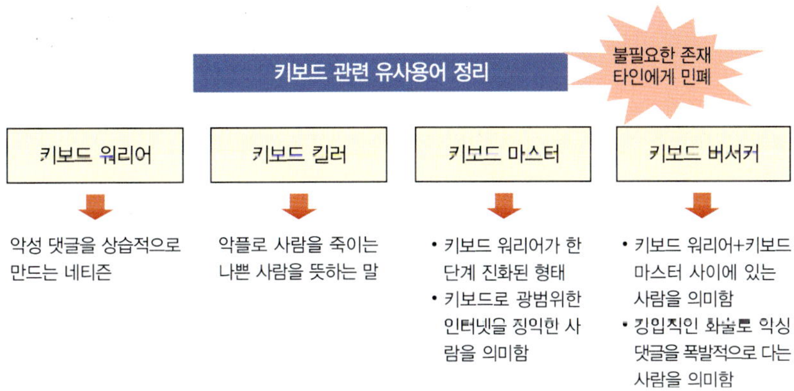

(2) 커뮤니티 관련 네티켓

① 네티켓의 기본 예절
② E-mail 네티켓
③ 게시판 네티켓
④ 공개 자료 네티켓
⑤ 채팅 네티켓
⑥ SNS 네티켓

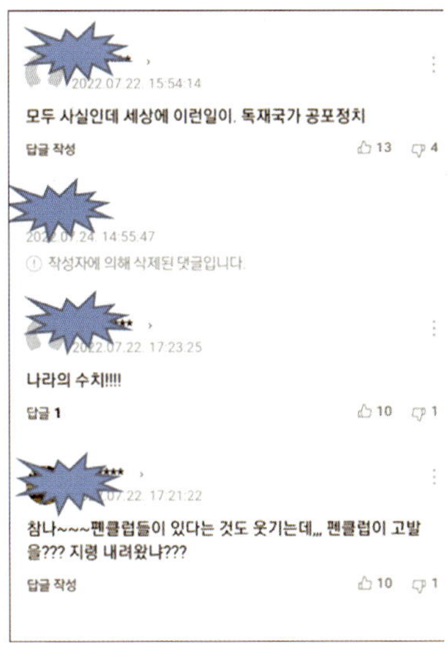

[그림 1-12] 키보드 워리어의 사례

· 토론 및 메모 ·

· 매너의 사례에 대해서 상호 토론해 보세요.

· 에티켓의 사례에 대해서 상호 토론해 보세요.

· 키보드 워리어의 사례에 대해서 상호 토론해 보세요.

6 호칭과 경어

(1) 경어의 의미와 종류

경어는 상대방을 공경하는 뜻의 말을 의미하며, 대화의 주체가 되는 인물이나 이야기를 듣는 상대방에게 경의를 표하기 위하여 쓰는 언어 표현이다. 이는 주로 화자(話子)가 청자(聽子) 또는 문장에 등장하는 인물이나 그들에게 속한 일에 대해 얼마나 높여 대우하고 낮추어 대우하느냐를 언어적으로 표현하는 체계로, 국어의 경어법은 예우의 대상이 무엇이냐에 따라 세 가지로 구분된다.

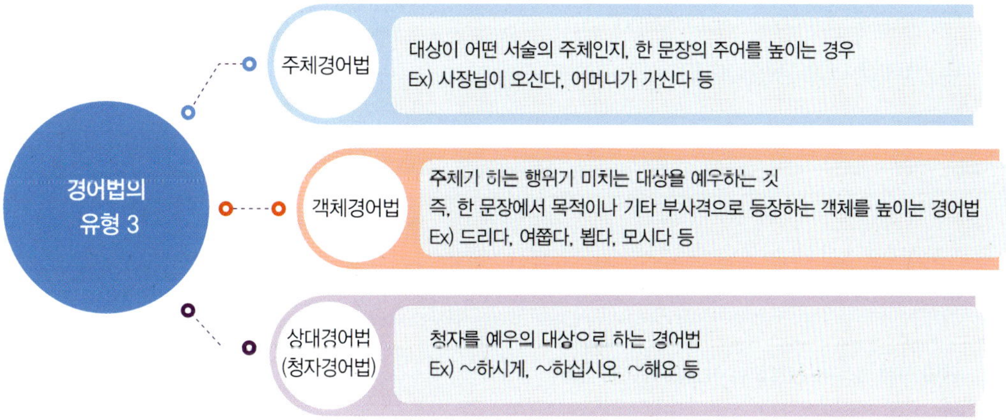

경어법은 학자에 따라서 다양한 명칭으로 해석된다. 듣는 사람을 높이거나 낮추어 말하는 법을 존비법, 공손법이라 하고, 주체를 높이는 존경법은 존경법, 존대법이라고 하며, 객체를 높이고 자신을 낮추어 말하는 법을 겸손법, 겸양법이라고 한다. 또한 주체의 높임과 자신을 낮춤을 아울러 공대법, 경양법이라고 하며, 이 모든 경어법을 높임법, 존대법, 대우법이라고 일컫는다.

+ Keypoint

압존법

- 높여야 할 대상이지만 듣는 사람이 상급자인 경우 사용하는 경어법
- 문장의 주체가 청자보다 낮은 지위에 있는 경우 높임법을 사용할 수 없는 어법

예 사장님, 김과장님이 부재중이십니다.(X)
사장님, 김과장이 부재중입니다.(O)
할머니, 어머니께서 오셨습니다.(X)
할머니, 어머니 왔습니다.(O)

+ Keypoint

경어 사용의 오류(사람보다 사물을 높이는 경우)

예 뷰티숍의 경우
고객님은 모발이 손상되셔서 집중관리가 필요합니다.
고객님은 피부에 유분이 너무 많으셔서 트러블이 생기실 거예요.
고객님 모발은 손상모라 염색이 잘 안 나오시는 모발이세요.

+ Keypoint

자주 틀리는 경어의 사용 사례

예 비즈니스 업무에서

다음은 회장님 말씀이 계시겠습니다.(X)

다음은 회장님께서 말씀하시겠습니다.(O)

미팅은 끝나셨습니까?(X)

미팅은 끝났습니까?(O)

· 토론 및 메모 ·

· 압존법의 사례에 대해서 상호 토론해 보세요.

· 잘못된 경어 사용법에 대해서 상호 토론해 보세요.

2. 인사 매너

1 인사의 정의

대인간의 미팅에 있어 처음 표현하는 일종의 의미 전달이 인사이다. 인사에서 '인(人)'은 사람이 마땅히 해야 할 일이고, '사(事)'는 사람을 섬기는 일이다. 즉, 인사는 사람 일의 시작이며 끝을 의미하고, 상대방을 존중하고 배려하는 마음과 감사의 마음이다. 이는 곧 직장생활에서는 필수적으로 지켜야 되는 행동 양식이며, 종사자 간에 상호 인사를 함으로써 조직에 대한 신뢰감이 구축되고 원만한 인간관계 형성에 기여하게 되며, 최종적으로 인사가 상징하는 것은 존경, 친애, 우정, 사랑, 감사, 미안함 등의 다양한 의미가 있다.

인사를 함에 있어 가장 중요한 것은 마음가짐이 반듯해야 되고, 상황에 맞는 인사법으로 타이밍이 적절해야 된다. 즉, 타이밍이 맞지 않은 인사는 하지 않는 것보다 못하다는 것을 명심해야 한다. 또한 인사는 원래 직급이 낮거나 연령대가 낮은 사람이 먼저 하는 경우가 맞지만, 다른 측면에서는 먼저 보는 사람이 인사를 함으로써 서로 친근감을 표현하는 것도 중요하다.

2 인사의 종류

인사는 하는 주체 또는 대상, 인사하는 상황에 따라서 인사법이 달라진다. 동료나 부하에게 하는 인사, 일반 고객이나 상사에게 하는 인사, 중요 고객(VIP)이나 직급이 높은 상급자, 연령이 많은 연장자에게 하는 인사 등을 하는 방법은 차이가 있다.

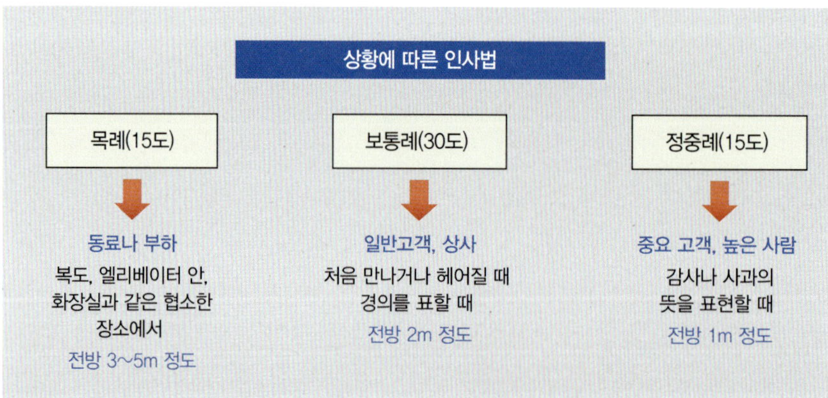

(1) 목례

목례의 인사 주체는 친구나 동료, 본인보다 나이가 어리거나 직급이 낮은 부하에게 하는 간단한 인사법으로, 고객을 숙이는 각도는 15도 정도이다. 상황에 따라서 목례를 하는 경우가 있는데 주로 실내 복도를 지나가면서 짧게 반가움을 표현하는 인사, 엘리베이터 내에서 만나거나, 화장실과 같은 프라이버시가 보장되어야 하는 조용하고 협소한 장소에서 하는 인사법으로, 상대방과 나의 거리가 전방 3~5m 정도에서 하는 인사법을 의미한다.

(2) 보통례

일반적인 비즈니스 상황과 처음 접객을 하거나 상사 또는 연장자를 만났을 때 하는 인사법으로, 고개를 숙이는 각도는 30도 정도이다. 또한 존경과 경의를 표현할 때 하는 인사법이며, 인사를 하는 상대방과 나의 거리는 전방 2m 정도 거리일 때 인사하는 것이 좋다.

(3) 정중례

중요한 고객이나 직급이 높은 사람, 연장자에게 하는 인사법으로 주로 감사의 마음 또는 사과의 뜻을 표현할 때는 정중례를 하게 된다. 인사하는 각도는 45도이며, 인사를 받는 상대방과 나의 거리가 1m 정도일 때 인사하는 것이 적당하다.

고개님, 이쪽으로 오시겠습니까?
네, 고객님 여기 있습니다.
고객님, 잠시만 기다려주시겠습니까?

속도: 1에 숙이고 2에 올리도록 함

[그림 1-13] 목례(15도)

안녕하십니까? 어서오십시오.
감사합니다. 고맙습니다.

속도: 1에 숙이고 2에 잠시 멈추며,
3~4에 일어나도록 함

[그림 1-14] 보통례(30도)

대단히 감사합니다.
대단히 죄송합니다.
처음 뵙겠습니다.

속도: 1에 숙이고 잠시 stop한 후
3~5에 천천히 일어나도록 함

[그림 1-15] 정중례(45도)

3 인사하는 방법

(1) 서 있는 자세

[그림 1-16] 성별에 따른 인사법

① 시선은 정면을 향하고 턱이 앞으로 나오지 않도록 당긴다.
② 가슴을 펴고 허리와 등은 곧게 편다.
③ 아랫배는 힘을 주어 긴장감을 준다.
④ 다리에 힘을 주고 무릎은 가능한 한 붙인다.
⑤ 남자 : 팔은 자연스럽게 늘어뜨리고, 양손은 계란을 살짝 쥔 듯이 가볍게 주먹을 쥐면서 하의 봉재선에 둔다(여성 : 왼손 위에 오른손을 위로 하여 살포시 포갠다).
⑥ 양발 뒤꿈치를 모으고 발끝을 30도 정도 벌려 넘어지지 않게 안정적인 자세를 취한다.

(2) 앉아 있는 자세

① 의자에 앉을 때는 의자의 위치를 확인 후 피면접자의 지시에 따라 차분히 앉는다(의자와 등 사이는 주먹 하나 들어갈 간격 유지, 여성의 경우 스커트 뒷자락을 한손으로 잡고 앉음).
② 발과 무릎을 골반 넓이만큼 벌려 발이 정면을 향하도록 하여 앉는다(여자 : 양 무릎을 붙이고 발끝을 모은다).
③ 손은 가볍게 쥐어 무릎 위에 얹는다(여자 : 양손을 무릎 위에 오른손이 위로 하여 가지런히 포개 놓는다).
④ 턱은 당기고 시선은 정면을 향하며 상대방을 본다.

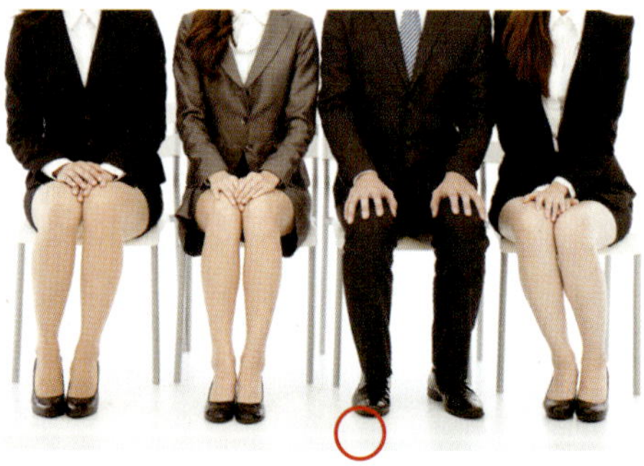

[그림 1-17] 면접 시 바르게 앉은 자세

[그림 1-18] 면접 시 잘못 앉은 자세

1. 인사는 내가 먼저
2. 인사할 땐 상대방과 눈맞추고
3. 큰소리로 명랑하게
4. 진심을 다해서 인사하기
5. 상황에 적절한 인사하기

→ 인사 포인트 5

인사의 기본 자세

1단계	인사해야 할 상대를 향해 정면으로 선다.
2단계	상체를 숙여 인사한다.
3단계	숙였을 때 약 1초간 멈춘다.
4단계	숙일 때보다 조금 느린 속도로 천천히 상체를 일으킨다.
5단계	똑바로 서서 시선을 마주치며 미소 짓는다.

+ Keypoint

인사 시 주의사항

- 상대방의 눈을 보지 않고 땅을 보고 하는 인사
- 인사하면서 아무 말도 하지 않기
- 인사하면서 말을 중간에 끊기
- 고개만 까딱하는 인사
- 상사에게 '수고하셨습니다'

※ '수고(受苦)'는 '고통을 받는다'는 부정적인 뜻이므로, 우리나라의 표준 언어 예절에 따르면 상급자, 연장자에게 사용하면 특히 무례한 표현

예 노고에 감사드립니다. 노고가 많으십니다.

◐ 21세기 생존을 위한 가장 중요한 경쟁력은? **친절과 매너**

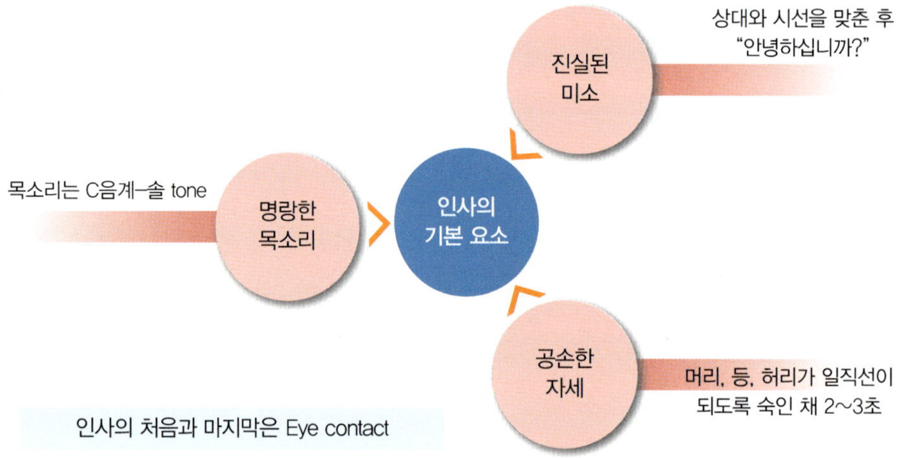

· 토론 및 메모 ·

· 일상생활에서 인사의 다양한 사례에 대해서 상호 토론해 보세요.

4 상황에 따른 인사법

① **걸을 때 하는 인사 :** 2~3m 가까이에 가서 상대를 향해 선 후 기본자세를 취하고 인사한다. 인사 후 상급자가 지나간 다음에 움직인다.

② **계단을 오르내릴 때 하는 인사 :** 우선 간단한 예의를 표하고 신속히 사선걸음으로 계단을 통화한 후 상대방 앞으로 가서 인사한다.

③ **앉아서 하는 인사 :** 낮은 자세에서 5박자에 맞춰서 15도 정도 목례로 인사한다.

5 방문 인사 매너

타인의 집이나 회사 등을 방문할 때는 방문 가능 여부를 먼저 확인 후 방문하는 것이 매너인데, 이것을 방문 매너라고 한다. 방문 시 갖추어야 할 매너가 있는데 다음과 같다.

(1) 방문 전

① 전화 또는 전자우편(E-mail)으로 미리 방문 가능 여부를 확인한다. 방문 목적, 방문 시간, 방문 인원 등을 전달한 후 상대방과 상호 협의하여 방문 일정을 잡는다.

② 상대방 집이나 회사 등을 방문할 때는 나의 스케줄보다 먼저 상대방을 배려하는 차원에서 상대의 시간을 고려하여 여유 있게 일정을 잡는다.

③ 전화로 방문 일정을 잡은 경우가 아닌 전자우편으로 방문 허락을 받은 경우는 꼭 전화로 방문 스케줄을 확인해야 한다.

(2) 방문 후

① 상대방을 배려하는 차원에서 휴일에는 방문 일정을 잡지 않는 것이 좋다.

② 방문 시 이른 아침 또는 늦은 시간, 식사 시간 등은 피하는 것이 원칙이다.

③ 방문 시간은 정확하게 지키고, 장시간 머물지 않도록 한다.

④ 방문 목적에 따라 복장과 메이크업을 다르게 한다.

⑤ 장갑 또는 모자를 착용했을 때는 현관 앞에서 벗고 들어간다.

(3) 헤어질 때

① 자신이 착석했던 의자 또는 방석 등을 원위치로 정리정돈 한다.

② 외투는 현관을 나와서 착용하는 것이 좋다.

③ 신발을 착화 후 등이 보이지 않게 주의한다.

(4) 방문 매너 유의사항

① 친한 사이일수록 예의를 지키고, 방문 전 전화로 방문 여부를 확인한다.

② 집 주인보다 먼저 집안으로 들어가는 것은 결례이다.

③ 상호 대화 중 집안을 살피거나 시계를 보는 것을 삼간다.

④ 불시 방문의 특별한 상황일 때는 가급적이면 단시간에 용건을 전달한다.

6 소개 매너

일상생활에서 미팅 시 자기 소개를 할 때도 있고 또는 비즈니스 상황에서 타인을 소개해야 되는 경우, 소개받는 경우가 있을 것이다. 그러할 때 상황과 경우에 따라서 대인 미팅 시 소개하는 매너에 대해서 알아본다.

(1) 소개의 기본자세

① 소개를 하며 인사할 때 상대방을 바라보며 밝은 표정으로 호감을 어필한다.

② 자신을 소개할 때 이름을 정확하게 말하며, 간단한 인사를 덧붙인다(기분 또는 계절인사 등).

③ 상대방 호칭 시 남성: Mr., 여성: Mrs.(기혼), Miss(미혼) 등의 존칭어를 붙인다.

④ 소개받을 때 상대방의 이름을 주의 깊게 듣고 기억한다.

⑤ 남성이 상대방 여성을 소개받을 때는 일어선다.

⑥ 여성이 상대방 남성을 소개받을 때는 굳이 일어서지 않아도 된다.

⑦ 동성끼리 서로 자기소개를 할 때는 자리에서 일어선다.

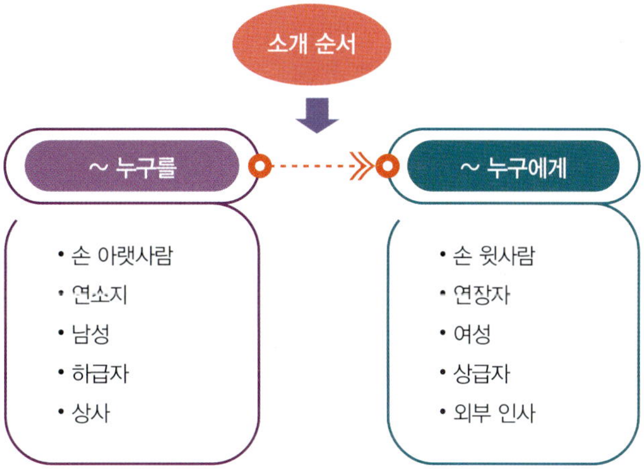

· 토론 및 메모 ·

· 1분 자기소개를 기술해 보세요.

· 3분 자기소개를 기술해 보세요.

3. 악수 매너

악수는 인사와 함께 비즈니스 시작에서 가장 일반화된 자기 표현법이다. 악수를 할 때 상대방의 눈을 바라보고 얼굴에 미소를 지으며 하는 것이 원칙이다. 그러나 최근 노룩(No look) 악수에 대한 사례가 간혹 나타난다. 악수하는 방법으로 상대방의 손을 적당히 세게 잡으면 상대방에 대한 신뢰와 확신이 내포되는 것이며, 손에 힘을 뺀 채 살짝 쥐는 경우는 상대방에게 관심이 없다는 인상을 줄 수 있다.

+ Keypoint

노룩(No Look): 얼굴을 쳐다보지 않고 인사 또는 악수하는 행위로 비매너에 해당됨

1 악수의 유래

악수는 앵글로색슨계 민족의 남성들이 만났을 때 오른손에 무기가 없다는 것을 보여주며, 싸우지 않고 우호적인 관계를 맺고 싶다는 의미로 오른손을 내밀어 확인시키던 것에서 유래되었다. 그래서 악수는 주로 남성의 인사법이며, 여성이 악수를 하는 경우는 드물다.

과거 시대 대부분의 여성들은 무기를 소지하지 않았으며, 무기 소지가 허락되지도 않았다. 이러한 역사적 사실이 최근까지 이어오면서 여성들 사이에서 악수가 일반화되지 않았고, 주로 남성들의 만남에서 상호 인사법으로 악수를 하였다.

[그림 1-19] 바른 악수 매너

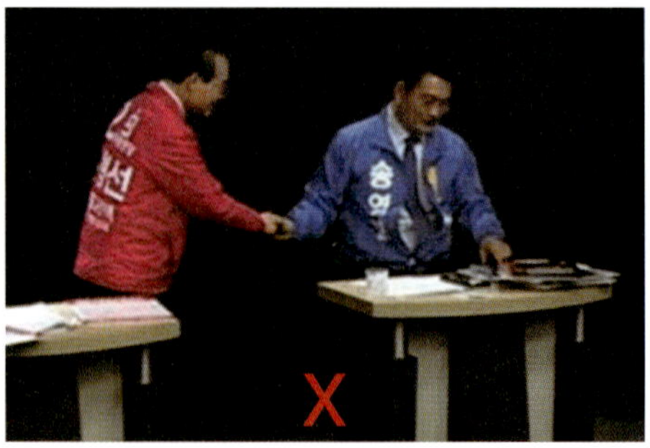

[그림 1-20] 노룩(No Look) 악수

출처 : 악수하는 오세훈 시장-하대건 신부(naver.com), 이재명 '노룩푸시'에 재조명된 송영길 '노룩악수'(nvaer.com).

2 14개국의 비즈니스 악수 매너

악수는 인종별, 국가별, 상황별 등 다양한 경우에 따라서 악수 매너가 달라질 수 있다. BBC와 Metal Floss에서 조사한 14개 국가의 악수 매너를 보면 다음과 같다.

① **미국** : 자신의 이름과 동시에 자기소개를 하며 힘찬 악수를 한다.

② **영국** : 가벼운 악수를 나눈 후, 일정 거리를 유지하며 말한다.

③ **브라질** : 길고 힘찬 악수를 한다. 시선을 마주치며 그 자리를 떠날 때 다시 한 번 반복한다.

④ **중국** : 나이가 중요하다. 직접 시선을 마주치지 않고, 우선 나이가 많은 사람에게 인사를 먼저 하고, 가벼운 악수와 인사를 한다.

⑤ **터키** : 힘찬 악수는 실례이고, 부드럽게 오래 악수를 나눈다.

⑥ **모로코** : 부드러운 악수를 하며, 악수는 동성끼리만 하는 것이 좋다.

⑦ **아랍에미레이트** : 연장자가 악수를 시작하며, 시간을 두고 악수를 하는 것이 좋으며, 악수 시 바로 손을 떼지 않노록 주의한다.

⑧ **러시아** : 비즈니스 자리가 아닌 이상 이성과는 악수를 하지 않고, 남자는 여자의 손에 키스를 한다.

⑨ **호주** : 남성과 악수를 할 때는 여성이 먼저 손을 내밀고, 여자끼리는 악수를 하지 않는다.

⑩ **태국** : 악수는 생략하고, 가슴 높이까지 손바닥을 맞추며 절을 한다.

⑪ **멕시코** : 긴 악수를 나누며, 남성이라면 악수 후 포옹을 하는 것도 좋다.

⑫ **스위스** : 모여 있는 모두와 악수를 하며, Ms. Mr. 등의 경칭을 붙이는 것이 좋다.

⑬ **한국** : 나이 많은 사람이 먼저 악수를 청하며, 손을 부드럽게 잡아주면 된다.

⑭ **프랑스** : 가볍게 빠른 악수를 한다.

3 올바른 악수법

① 자리에서 일어선다.

② 상대방과 시선을 마주치며 미소를 짓는다.

③ 간단한 인사말과 자신을 소개하며, 엄지를 세우고 비스듬히 오른손을 내민다.

④ 적당한 힘으로 상대방 손을 잡고 2~3회 정도 가볍게 흔든다.

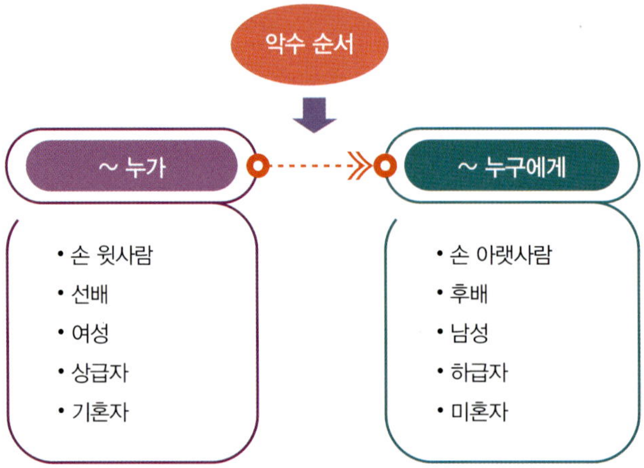

4 악수 시 주의사항

① 일반적으로 악수는 오른손으로 하는 것이 원칙이다.
② 만약 오른손에 짐이 있다면 왼손으로 옮기거나 바닥에 내려놓고 악수한다.
③ 손에 땀이 났거나 깨끗하지 못할 때는 미리 손수건으로 살짝 닦고 악수한다.
④ 손을 세게 잡거나 너무 약하게 잡는 것은 예의에 어긋난다.
⑤ 잡은 손을 너무 과하게 흔드는 것도 경박해 보이므로 삼간다.

5 악수의 종류

(1) 죽은 생선 악수

힘없이 하는 악수로 상대방에 대한 무관심의 표현으로 보일 수 있고, 나약한 사람으로 보일 수 있다.

(2) 바이스(Vice) 악수

Vice는 '범죄'라는 뜻으로, 상대방의 손을 무척 세게 잡는 악수이다. 자신의 힘을 과시하는 느낌을 상대방에게 줄 수 있으므로 주의한다.

(3) 헐겁게 잡는 악수

손을 헐겁게 잡거나 손가락 끝만 잡는 악수법으로, 상대방이 자신을 얕잡아 본다고 인식할 수 있으므로, 악수 자체를 성의 없게 한다는 인상을 줄 수 있는 악수이다.

(4) 두 손을 잡는 악수

악수하는 상대방이 친밀한 경우는 상관없지만 그렇지 않은 경우는 본인 손이 상대방 손 위에 올라가지 않도록 주의해야 되는데, 이는 본인 손이 상대방 손 위에 올라가면 위협적으로 느낄 수 있기 때문에 주의한다.

[그림 1-21] 죽은 생선 악수

[그림 1-22] 바이스 악수

[그림 1-23] 헐겁게 잡는 악수

[그림 1-24] 두 손 잡는 악수

· 토론 및 메모 ·

· 악수 매너의 중요성과 상황에 따른 악수법에 대해서 토론해 보세요.

4. 명함 매너

명함은 타인과의 첫 대면에서 자신을 알리면서 상호 간을 연결해주는 Business Card이며, 대인과 미팅 또는 비즈니스상 인사와 함께 전달하는 자신의 이미지이다. 명함은 자신이 속한 회사나 소속 등을 표기한 카드이며, 이름, 회사명, 직급, 회사 주소, 전자우편 주소, 홈페이지 주소 등이 기재되어 있다. 이처럼 명함은 자신의 이미지와 회사의 정보 등을 상대방에게 전달하기 위해 사용되는 중요 수단이며, 기존에는 종이 또는 플라스틱 등으로 제작하였으나 현대에는 명함 자체를 스마트폰으로 대체하는 모바일명함을 사용하는 경우도 있다.

명함은 상대방의 신분을 표시한 중요 매체이므로 정중히 다루는 것이 기본 예의이며, 받은 명함을 경의를 표하듯이 소중하게 다루어야 하기에 명함을 주거나 받을 때 관련 매너를 지켜야 한다.

명함 매너

1) 명함 줄 때

- 일어서서 정면으로 드린다.
- ↓ 명함을 드리면서 이름을 말한다.
- ↓ 윗분, 고객, 여성에게 먼저 드린다.
- ↓ 상대방이 읽기 쉬운 방향으로, 오른손으로 드린다.
- ↓ 허리선과 가슴선 사이로 드린다.

2) 명함 받을 때

- 일어서서 두 손으로 받는다.
- ↓ 동시에 교환할 때, 왼손으로 받고 오른손으로 드린다.
- ↓ 받은 명함을 바로 넣지 않고 성명, 직장, 직함을 확인하며 관심을 보인다.
- ↓ 받은 명함은 윗주머니나 지갑에 소중히 보관한다.

1 명함 보관 방법

명함을 받았을 때 잘 보관하는 것이 명함을 준 상대방에 대한 예의이므로, 별도의 보관 방법을 숙지하고, 받은 명함이 차후 비즈니스에 도움이 될 수 있도록 메모하는 습관을 기르고 다음과 같은 사항을 참고한다.

① 명함은 항상 명함지갑에 넣어 구겨지지 않도록 깨끗하고 바르게 넣어 보관해야 한다.

② 명함은 명함지갑에 항상 넉넉하게 준비하고, 1개의 면담 시 기본 3장 이상의 명함을 준비한다.

③ 받은 명함 뒷면에 상대방의 인적사항, 미팅 목적 및 장소, 미팅일자, 미팅 특이사항 등을 메모하여 명함철에 보관한다.

2 미팅 시 명함 매너의 주의사항

명함은 자신과 회사의 이미지를 동시에 전달하는 것으로 처음 명함을 주고받을 때는 긴장과 설렘 등이 있어 자신의 첫인상을 상대방에게 호감으로 각인시키는 것이 중요하며, 다음과 같은 주의사항을 준수해야 한다.

① 오염되지 않도록 명함지갑을 활용하여 항상 깨끗하게 보관해야 한다.

② 명함을 주고받을 때는 항상 일어서서 받으며, 명함 전달을 하기 전에는 착석하지 않는다.

③ 상대적으로 직급이 낮은 사람이 높은 사람에게 먼저 명함을 드린다.

④ 명함을 줄 때는 상대방과 눈을 마주치고 본인의 이름과 소속을 정확하게 얘기한다.

⑤ 직급이 비슷하여 서로 명함을 주고받을 때 본인 명함은 오른손, 상대방 명함은 왼손으로 받는다.

⑥ 직급이 낮은 경우는 명함을 건넬 때 높이도 낮춘다.

⑦ 명함을 받은 후 상대방의 얼굴과 이름을 한 번 더 인지한 후, 테이블 왼쪽에 두고 대화를 시작한다.

⑧ 회의가 끝날 때까지 테이블 위에 올려놓고 대화를 하는 것이 원칙이다.

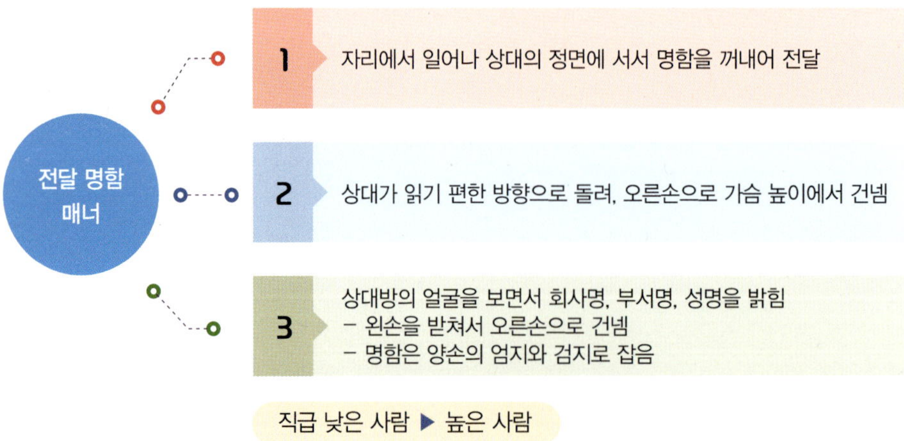

[그림 1-25] 명함전달법

[그림 1-26] 명함 전달 방향

[그림 1-27] 대회 시 명함 위치

· 토론 및 메모 ·

· 명함 매너에 대해서 토론해 보세요.

5. 전화 매너

전화는 인사와 함께 비즈니스의 시작에서 필요한 요소이며, 일상생활에서 상대방과 의사소통을 하기 위한 수단으로 보이지 않는 올바른 매너가 잠재되어야 한다. 따라서 성공적인 비즈니스를 위해서는 전화 매너를 올바르게 숙지하는 것이 중요하다.

1 전화 응대의 기본자세

① 정확한 메시지 수신을 위해 항상 메모를 준비한다.

② 전화 응대 3.2.2.의 법칙을 준수한다(벨소리 3번 이내, 통화는 2분 내외, 상대방보다 2초 늦게 전화 끊기).

③ 미소를 머금고 밝은 목소리로 인사하며, 시작과 끝을 인사로 마무리한다.

④ 전화 응대 시 인사와 더불어 자신의 이름과 소속을 밝힌다.

⑤ 상대방이 이해하지 못하는 전문용어 또는 익숙지 못한 단어 사용은 자제하고, 중요한 부분은 거듭 설명한다.

⑥ 정확한 발음으로 간결하고 명료하게 응대한다.

⑦ 통화하기 전 미리 용건을 준비하고 전화한다.

⑧ 항상 정중하고 상냥한 어조로 응대한다.

2 전화 매너

전화를 응대하거나 걸 때 항상 상대방을 존중하는 마음이 기본이며, 비즈니스에서는 신속, 정확한 응대가 성공적인 비즈니스로 연결되기에 올바른 전화 매너를 숙지하는 것이 중요하다.

1) 전화를 받을 때

1. 벨이 3회 이상 울리기 전에 받는다.
2. 부서 이름과 성명을 말한다.
3. 상대방을 확인한다.
4. 통화 내용을 메모한다.(5W/1h)
5. 끝맺음 인사 후 수화기를 내려 놓는다.

2) 전화를 걸 때

1. 통화할 용건을 미리 준비 후 전화한다.
2. 상대가 전화를 받으면 자신을 먼저 밝힌다.
3. 상대방을 확인한다.
4. 용건을 간결하고 정중하게 말한다.
5. 끝맺음 인사 후 수화기를 내려놓는다.

3 전화 응대 사례

전화는 얼굴이 보이지 않는 매체이기에 상대방이 어떻게 응대하느냐에 따라 청자는 다양한 감정을 느낀다. 간단한 전화 통화로 상대방 말의 어조, 억양, 속도, 음성, 발음 등을 판단하고, 감정적으로는 친절하다, 반갑다, 불쾌하다, 무례하다 등의 다양한 감정을 느낀다. 따라서 비록 보이지 않는 의사소통 수단이지만 상대방을 배려하고 존중하는 응대 자세가 필요하다.

전화응대법의 Good & Bad

Bad or Worst	Good
여보세요?!! 여보세요~~?	죄송합니다만 전화 통신 상태가 좋지 않습니다. 다시 한 번 전화 부탁드리겠습니다.
무슨 일이세요?	무엇을 도와드릴까요?
통화중인데요?	지금 통화중입니다만 연락처를 주시면 전화드리라고 전해드리겠습니다.
기다리세요.	죄송합니다만 잠시만 기다려 주시겠습니까?
뭐라고요?	죄송합니다만 다시 한 번 말씀해 주시겠습니까?
왜 그러시는데요?	네 그렇습니다만 상황에 맞게 (Ex: 어떤 점이 불편하셨습니까?)
그 이전에는 안 됩니다.	죄송합니다. 노력해 보겠습니다만 그 시간까지는 어려울 것 같습니다.

4 전화 응대 시 공감의 3F

전화 응대 시 상대방의 말에 공감을 할 때 '공감의 3F'를 인용하여 고객 응대를 하면 고객은 기업을 신뢰하게 되며, 이는 곧 고객만족도로 연결되며 추후 충성고객으로 자리 잡게 된다.

공감의 3F

상황별 응대법과 인사말은 고객과 대화를 진행해 나가는데에 있어서 중요한 요소

↓

고객이 말한 것을 요약하고 고객의 말에 관심이 있음을 보여주는 것이 좋음. 생산적인 내용으로 대화를 유도하는 것이 좋음

1. Feel: 네~그러십니까? – 소통의 언어
2. Felt: 다른 분들도 그러시더라구요. – 나도 또는 다른 사람도 느꼈다.
3. Found: 그래도 ~~해서 다행입니다. – 결론을 찾음, 해답을 찾음

5 불만형성 8가지 전화법

비즈니스상에서 블랙컨슈머, 즉 불량고객은 다양한 측면에서 발생하게 되는데, 이들을 대상으로 한 전화응대는 매우 어려운 과제이다. 응대자가 주관적인 감정을 이입하여 응대하면 고객 입장에서는 불쾌감을 느낄 수도 있기에 매우 중요하다. 따라서 불만을 형성하는 8가지 전화법을 이해하고 고객서비스에 만전을 기해야 할 것이다.

무관심
나와는 상관없음

무시
고객의 요구를 무시하거나 회피

냉담
차갑고 퉁명스런 태도

어린아이 취급
아이한테 말하는 태도

로봇화
인사와 응대가 완전히 기계적

규정 제일
규정만을 언급, 서비스의 경직

발뺌
자신들의 업무영역만 언급
책임소재를 전과

오지랖
남의 일에 지나친 관심을 보임

불만형성 8가지 전화법

6 전화 응대 사례

전화 응대는 어떻게 하느냐에 따라 불만이 형성될 수도 있고, 존중을 받고 있다고 생각할 수도 있다. 따라서 전화 응대는 사무적으로 하되 딱딱하지는 않게 응대하는 것이 중요하며, 어조는 밝고 상냥함이 있어야 한다.

요조체: 다까체=7:3

식사 맛있게 하셨어요?
그때 다시 연락주시죠.

식사 맛있게 하셨습니까?
그때 다시 연락 부탁드립니다.

은근슬쩍 반말은 NO!

3시쯤? 음 3시면 너무 늦네...
아... 가만 있어봐... 어딨더라...
아... 아닌데?...

3시? 아 좀 늦을 것 같습니다.
아... 잠시만요. 제가 다시 확인해 보겠습니다.
아... 아닙니다.

· 토론 및 메모 ·

· 전화 하는 매너에 대해서 상호 학습해 보세요.

· 전화 받는 매너에 대해서 상호 학습해 보세요.

6. 글로벌 매너

현시대의 인류는 다국적 문화의 글로벌 시대로 세계화, 국제화 사회로 진입하였다. 이를 적용하여 국제화 시대에 각국의 사람들과 교류하면서 국가별 글로벌 매너의 기본을 준수하고, 상대국의 문화를 이해하는 것은 곧 성공적인 글로벌 비즈니스의 기초가 된다.

2019년 12월 우한에서 발발한 코로나-19 바이러스가 백신 외교, 백신 스와프라는 명목으로 글로벌 비즈니스의 한 사례가 되었는데, 이를 성공적으로 이행하기 위해서는 역시 글로벌 매너를 시의적절하게, 상황과 경우에 맞게 잘 적용해야 하며, 다음과 같이 3가지 원칙을 준수하는 것이 중요하다.

글로벌 매너의 원칙 3

1. 상호존중의 원칙 – 상대방의 문화와 매너를 존중한다.
2. 종교적 신념의 원칙 – 상호 합의하에 종교적 신념을 지켜준다.
3. 지역(local) 룰의 원칙 – 방문한 지역(local)의 매너를 따른다.

1 국가별 글로벌 매너

(1) 미국의 특징

① 유럽의 가치를 기반으로 하고 있고, 조금 더 개방적이고 자유주의적이다.
② 실용주의와 평등의식이 강하고 약속과 개인의 사생활을 중요시 여긴다.
③ 여성을 존중하는 매너의식이 자리 잡혀 있다.
④ 아이컨택(Eye contact)이 커뮤니케이션의 중요한 요소라고 생각한다.
⑤ 총기 소유가 자유로워 주머니에 손을 넣는 행동은 무기 소지로 오해를 살 수 있다.

⑥ 팁(Tip) 문화가 발달되어 있다.

⑦ 식사 시간을 유연한 커뮤니케이션 시간으로 생각한다.

(2) 영국의 특징

① 청교도를 기반으로 형성된 문화로, 질서, 규범, 규칙 등을 중요시 한다.

② 미국과 마찬가지로 여성을 존중하고, 레이디퍼스트가 매너로 통용된다.

(Ex: 버스 또는 엘리베이터 탑승 시 여성 먼저)

③ TPO(Time, Place, Occasion)에 적합한 복장 매너를 중요시 한다.

④ 공공장소에서 한 줄로 서고 질서를 잘 지킨다.

⑤ 재채기를 할 때 최대한 조용하게 한다.

⑥ 실내에서는 우산을 펴지 않는다.

⑦ 사다리 밑을 지나가는 것을 불길하게 생각한다.

(3) 중국

① 자부심이 강하고 개인보다는 집단의 조화를 중요시 하여 상호 협동적인 성향이다.

② 한 번 좋은 관계를 형성하면 끝까지 가고, 어긋나면 좀처럼 관계 개선이 어렵다.

③ 식사 시 음식을 약간 남기는 것이 예의이다.

④ 차(Tea) 문화가 발달하여 상대방의 찻잔이 비면 계속 따라주는 것이 예의이다.

⑤ 선물은 빨간색을 선호하고, 선뜻 받지 않으므로 여러 번 권하는 것이 좋다.

⑥ 음주와 흡연을 사교의 한 수단으로 생각하는 경향이 많다.

⑦ 청색과 백색은 장례식과 연관되었으므로 피하는 것이 좋다.

⑧ 벽시계나 탁상시계, 거북이 선물을 꺼린다.

⑨ 계약은 상호 이해를 기본으로 하되, 서면에 의한 표현보다 직접 미팅을 선호하고, 융통성을 중요하게 생각한다.

2 국가별 보디랭귀지

인종별, 국가별로 보디랭귀지의 의미는 긍정적일 수도 있고, 부정적일 수도 있고, 칭찬일 수도 있고, 험담일 수도 있다. 따라서 국가별 보디랭귀지를 이해하고 숙지하는 것은 해당 나라의 문화와 정서를 이해하는 것이고, 이로 인해 그들과 소통 및 교류, 비즈니스를 하는 데에 적잖이 도움이 될 것이다.

보디랭귀지는 단순한 동작이기도 하지만 무언의, 친근감의 표현이기도 하고 경쟁심을 부각시키기도 하며, 상황과 경우에 따라서 다르게 해석되기도 한다. 그러므로 국가별 보디랭귀지를 이해하고 적용하여 성공적인 글로벌 비즈니스가 되길 기대한다.

3 국가별 보디랭귀지의 의미

(1) V자

V자, 손등과 손바닥의 차이

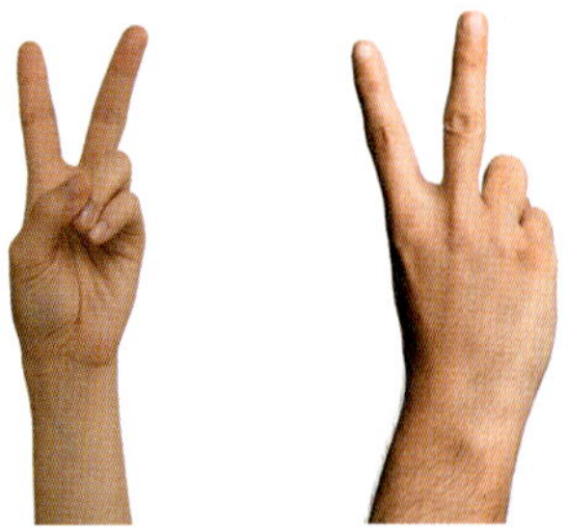

손바닥을 바깥으로 한 v자 사인

- 그리스 : 욕설(외설, 경멸)
- 미국, 유럽 : 승리

손등을 바깥으로 한 v자 사인

- 영국, 프랑스 : 꺼져버려
- 그리스 : 승리

(2) OK 사인

OK 사인

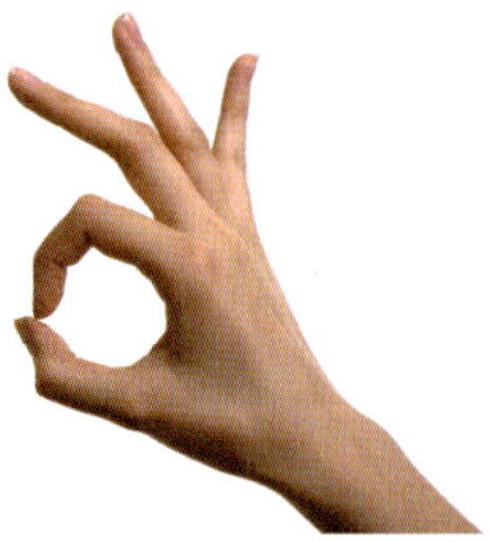

손가락으로 링 모양

- 한국, 일본 : 돈의 의미
- 프랑스 남부 : 무가치함, 형편없다, 아무것도 없다.
- 미국, 서유럽 : OK 표시
- 남미-브라질, 중동, 러시아, 터키, 아프리카 : 음란하고 외설적인 의미

(3) 귀 잡기, 황소 뿔 만들기

귀 잡기

- 브라질 : 당신의 말을 경청하고 있다.
- 스코틀랜드 : 당신의 말을 믿을 수 없다.
- 인도 : 후회나 실수에 대한 사과
- 이탈리아 : 게이나 여자로 취급

황소 뿔 만들기

- 이탈리아 : 코루누토라는 뿔 모양의 사인은 성적인 의미에서 불능을 표현하는 욕설

(4) 엄지 세우기

엄지 세우기

엄지 세우기

- 대부분의 나라에서는 최고라는 의미
- 미국 : 매우 좋음
- 호주 : 무례한 행위, 거절
- 그리스 : '닥쳐'라는 의미
- 태국 : 심한 욕
- 러시아 : 동성애자라는 의미
- 독일, 일본 : 숫자를 의미, 독일(1), 일본(5)

(5) 검지 구부리기

검지 구부리기

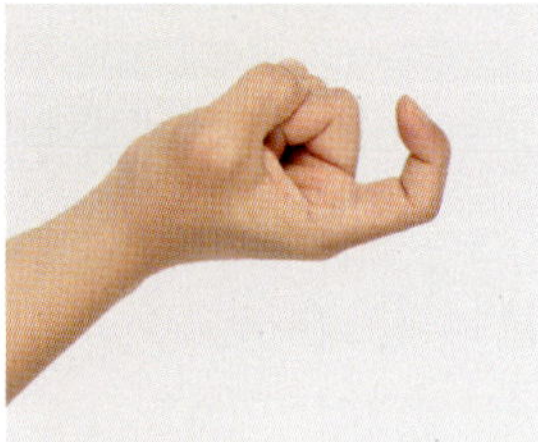

검지 구부리기

- 일본, 호주 : 외설적 의미

윙크

- 영국 : 이야기를 재미있게 듣고 있다.
- 대만, 인도 : 모욕을 주는 행위
- 한국 : 애교, 귀여움, 사랑스러움의 표현

(6) 손바닥 아래로 손짓하기, 머리 끄덕이는 행위

손바닥 아래로 하여 손짓

- 중동, 극동 지역 : 오라는 의미
- 서구 지역 : 가라는 의미

머리를 끄덕이는 행위

- 대부분 국가 : 긍정의 뜻(yes)
- 불가리아, 그리스 : 부정의 뜻(no)

· 토론 및 메모 ·

· 국가별 보디랭귀지의 중요성에 대해서 상호 토론해 보세요.

· TOP에 따른 보디랭귀지에 대해서 설명해 보세요.

Chapter 02

이미지메이킹의 이해

1. 이미지메이킹
2. 호감
3. 표정 및 스피치
4. 퍼스널컬러
5. 체형분석 및 패션전략

사람의 이미지를 판단하고 호감형으로 만드는 것은 매우 중요한 일이다. 미국 다트머스 대학교에서 FMRI의 장비로 뇌의 특정 부위를 촬영하여 첫인상에 대한 메커니즘을 연구하였다. 본 연구의 목적은 인간의 뇌가 낯선 자극을 받았을 때 어떻게 반응하고 활동하는지를 연구하는 것이었다.

실험방법은 낯선 사람을 본 후 얼마 만에 호감 또는 비호감으로 결정되는 여부를 알아본 결과, 무서운 얼굴은 1,000분의 17초, 행복한 얼굴은 1,000분의 183초의 시간이 걸렸고, 첫인상을 판단하는 시간은 공포를 판단하는 시간과 동일하게 1,000분의 17초로 단시간에 이미지가 결정된다는 것을 시사하였다. 이처럼 사람의 첫인상은 단시간에 결정된다는 것을 인지하여 호감 형성을 위한 이미지메이킹이 중요하다는 것을 의미한다.

1. 이미지메이킹

1 개념

이미지는 라틴어 Imago(Imitari+ago)의 합성어로 흉내내는 것을 의미한다. 이미지의 사전적인 의미가 '형태', '모양', '느낌', '영상', 관념 등이며, 어느 대상에 대한 상(像), 표상(表象), 심상(心象) 또는 상징 등을 포함한다. 즉, 이미지는 어떤 사물을 연상했을 때 지각되는 시각상이나 기억, 인상평가 및 태도의 총체로서 사물이나 인물에 대해서 특정한 감정을 가지게 되는 영상을 의미한다.

이미지메이킹(Image making)은 Image와 Making의 합성어로서, 타인이 어떤 대상을 보거나 판단할 때 느끼는 인상을 의도적으로 만드는 것을 의미한다. 이미지메이킹은 주로 연예인이 자신의 이미지를 캐릭터에 맞게 만드는 것과 정치인이 자신의 이미지를 당의 특성에 반영하기도 하고, 과거 자신의 이미지를 개선 또는 향상시키는 것이 이미지메이킹이었으나, 언제부턴가 현대인의 자기관리 방법으로 활용되고 있다.

2 첫인상 효과

이미지는 단번에 각인되는 것으로 호감과 첫인상이 좋은 이미지를 각인하는데 직접적인 관련이 있다. 첫인상은 보편적으로 3초만에 결정되기에 매우 중요하며, 한 번 결정된 첫인상이 비호감으로 각인이 되었다면 그것을 호감으로 바꾸기까지 무수히 많은 노력이 필요하다.

첫인상에 대한 효과는 4가지가 있으며, 초두 효과(Primacy effect), 후광 효과(Halo effect), 빈발 효과(Frequency effect), 최신 효과가 있다. 각 효과는 호감 연출과 이미지메이킹에 있어서 항상 중요한 항목으로 평가되기에 그 의미와 방법, 특성을 잘 이해하여 본인의 이미지 개선 및 향상을 위해 이미지 연출법으로 적용해야 한다.

(1) 초두 효과

첫인상 각인에서 가장 중요한 효과이다. 초두 효과는 처음 '초(初)', 머리 '두(頭)'를 사용하여 첫 만남에서 느낀 인상, 외모, 분위기 등이 그 사람에 대한 고정 이미지가 형성되어 대인관계에서 작용하는 효과를 의미한다. 즉, 처음 보는 이미지가 나중에 각인되는 정보보다 보편적으로 인상 형성에 더 강한 영향을 미치는 것이 초두 효과이므로 첫인상을 호감형으로 만드는 것이 중요하다. 결론적으로는 '첫인상이 좋아야 한다'는 것이며, 3초 만에 첫인상이 결정된다고 하여 3초 법칙 또는 이미지가 단단히 굳어버린다고 하여 '첫머리 효과', '첫인상 효과', '3초 법칙', '콘크리트 법칙'이라고도 한다.

초두 효과에 대해서 미국 사회심리학자 솔로몬 애쉬(Solomon Asch)와 베르트람 가브론스키 교수 연구진의 실험이 대표적이다. 그중 솔로몬 애쉬가 진행한 실험의 주된 내용은 사람을 평가하는 첫 이미지를 각인되는 기억과 연관지어 유익한 실험을 하였고, 실험 내용은 다음과 같다. 실험 방법은 A와 B 두 사람을 보고 각자 느끼는 인상을 기술하는 방법이었는데, 사전에 그 사람들을 보기 전에 보기와 같은 예문을 각각 읽도록 하였다.

> **예문**
>
> A : 똑똑하고 근면하다. 하지만 충동적이고 비판적이며 고집이 세고 질투심이 강하다.
>
> B : 질투심이 강하고 고집이 세며, 비판적이고 충동적이다. 하지만 근면하고 똑똑하다.

결론은 초두 효과의 특성인 먼저 들어온 정보가 나중에 들어온 정보보다 강하다는 특성을 반영하여 A에 대해서는 긍정적인 이미지라고 하였고, B는 부정적인 이미지라고 평가하였다. 따라서 첫인상을 호감형으로 각인시키기 위해서는 초두 효과에 집중할 필요가 있다고 할 수 있다.

초두 효과의 마케팅 사례는 대표적으로 영화의 예고편, 할인판매의 숫자(80% ~ 20% 세일) 등이다.

(2) 후광 효과

후광 효과(Halo effect)는 소리 없는 인식표라는 의미로 '첫인상이 좋으면 다 좋아 보인다'의 의미이다. 이는 첫인상에서 한 개인의 장점이나 매력이 다른 인상 평가에 직접적인 영향을 미쳐 다른 부분도 동화되어 첫인상에서 느낀 유사한 효과가 이어진다는 것이다.

후광 효과는 일반적으로 어떤 사물이나 사람에 대해 평가하였을 때의 결과가 일부의 긍정적인 특성이나 부정적인 특성이 각인되어 전체적인 평가에 영향을 미치는 것으로, 평가 대상에 대한 객관적이지 못하거나 혹은 잘못된 판단을 하게 되는 심리적인 효과를 의미한다. 이를 쉽게 풀이하면 무언가 한 이미지에 꽂히면 다른 것도 모두 그렇게 보인다는 설명으로 일명 '색안경 효과'라고 한다.

배리스토(Barry Staw) 교수는 후광 효과를 판단하기 위해서 유익한 실험을 진행하였다. 대학생을 여러 그룹으로 구분하여 특정 회사의 매출 결과를 예측하게 하고, 그 결과를 들은 후 임의로 그룹을 지정하여 A그룹 학생들에게는 칭찬을 하였고, B그룹 학생들에게는 비판을 한 뒤 그들로 하여금 본인 스스로 자기가 속한 그룹의 과제 수행에 대한 자체 평가를 실시하였다. 결과적으로 A그룹 학생들은 자신을 긍정적으로 평가했고, B그룹은 자신들을 부정적으로 평가한 결과를 보였다. 이 결과에 대해서 배리스토 교수는 칭찬과 비판을 한 두 그룹 다 우수한 성과를 보이지 못했다는 점, 즉 모든 그룹이 자신들만의 정답을 도출했음에도 불구하고 교수의 발언이 자신들의 결과를 평가함에 후광 효과로 반영되었다는 점, 그로 인해 학생들의 판단력이 흐려졌다는 것을 시사하였다.

후광 효과를 적용한 사례는 대표적으로 인간관계에서 두드러지게 된다. 즉, 첫인상인 초두 효과가 좋으면 그로 인해 그 사람의 다른 모든 부분까지도 호감으로 느껴져 후광 효과가 형성된다는 것이다. 이는 면접에서도 적용되는데 면접 첫인상에서 용모가 수려하고 태도가 바르면 일도 잘 할 것이라는 판단으로 후광 효과로 연결된다.

(3) 빈발 효과

첫인상이 호감이 아닌 비호감으로 형성되었더라도 반복해서 제시되는 행동이나 태도 등이 첫인상과 달리 진지하고 솔직하면 차후 좋은 호감으로 인상이 바뀐다는 효과이다.

빈발 효과는 초두 효과와 상반되는 의미로 첫인상이 좋지 않게 형성되었다고 할지라도 지속되는 행동이나 태도가 호감형이면 점차적으로 좋은 인상으로 바뀌는 현상을 의미한다. 첫인상을 바꾸기 위해서는 평균 60번 정도 대면을 하거나 접촉이 있어야 되기에, 첫인상을 호감형으로 어필하는 것이 가장 중요하다고 할 수 있다.

(4) 최신 효과

최신 효과는 일명 '막바지 효과'라고 하는데, 이를 검증하기 위해 런더스(Rundus, 1971) 교수는 학생들에게 20개의 단어쌍을 큰 소리로 제시한 후 회상검사를 실시한 결과, 단어의 중간보다 처음 몇 개의 단어와 마지막 몇 개의 단어가 더 잘 기억된다는 논리이다. 즉, 끝 부분에 있는 항목이 더 잘 회상된다는 것이 최신 효과이다.

초두 효과와 최신 효과는 항상 동시에 일어난다. 예를 들어, 백화점에 쇼핑을 갔을 때 처음 본 옷의 디자인과 마지막에 본 옷이 기억이 남고, 여러 사람을 면접보는 면접자의 경우 첫 번째와 마지막 면접자가 기억에 남는 원리라고 할 수 있다. 이처럼 사람의 인상에도 최신 효과는 매우 중요한 영향을 차지하게 되는데, 주로 첫인상에 대한 이미지가 별로 좋지 않은 경우는 초두 효과의 의미는 흐려지고 최신 효과가 더 큰 영향을 미치는 것이다. 또한 초두 효과의 의미가 크더라도 인간의 기억은 최신 정보가 뇌에 더 자극이 되어 결론적으로는 최신 효과가 초두 효과 못지 않게 중요하다는 것을 의미한다.

(5) 맥락 효과

초두 효과처럼 먼저 들어온 정보가 나중에 들어오는 정보를 해석하고 처리하는 기준이 되는 경우이다. 예를 들면, 어떤 사람에 대해 좋지 않은 인상을 받았을 때 평소 좋은 인상을 가지고 있는 사람이 그 사람을 평가할 때 '그럴 리가 없어', '그럴 만 해서 그랬겠지'라고 생각하고, 반대의 경우로 좋지 못한 인상을 가진 사람이라면 '그럼 그렇지', '그러고도 남아'라고 해석하는 효과를 말한다. 즉, 성실한 사람은 머리가 좋으면 지혜롭다고 생각하고, 이기적인 사람은 머리가 좋으면 교활하다고 생각하는 논리를 맥락 효과(Context effect)라고 한다.

(6) 수면자 효과

기분 나쁜 일을 경험하고도 수면을 취하면 기분이 한결 가벼워지고 나아진다는 효과를 수면자 효과(Sleeper effect)라고 한다. 이를 업무에 적용하면 초기에 제시된 정보도 시간이 지나고 난 이후에는 점차 망각되는 현상을 의미한다.

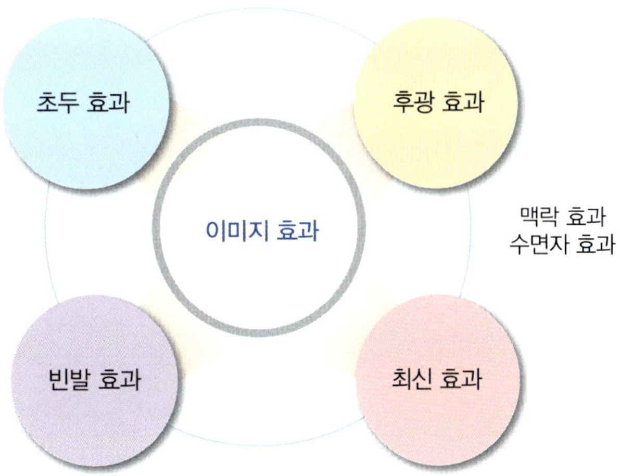

· 토론 및 메모 ·

· 이미지 효과에 대해서 학습해 보세요.

2. 호감

좋을 호(好), 느낄 감(感), 즉 좋은 감정 또는 좋게 느끼는 감정을 호감이라고 한다. 호감도는 어떤 대상에 대해서 좋은 감정을 느끼는 정도를 의미하고, 이는 주로 사람, 사물, 기업, 제품 등 다양한 목표에 적용된다. 이러한 호감도는 인간관계에서는 지속적인 인적 비즈니스와 긍정적인 교류, 배려 등으로 작용하고, 마케팅 측면에서는 매출로 이어져 기업의 부가가치 창출에도 긍정적인 역할을 하게 된다.

동일한 사람, 동일한 제품을 보더라도 개인마다 느끼는 호감도는 주관적인 견해와 선호도에 따라 다를 수 있고, 호감을 얻기 위해서는 이미지 효과인 초두 효과, 후광 효과, 빈발 효과, 최신 효과 등을 적용하는 것이 중요하며, 기본적으로 지켜야 하는 몇 가지 철칙을 참고하는 것이 좋다.

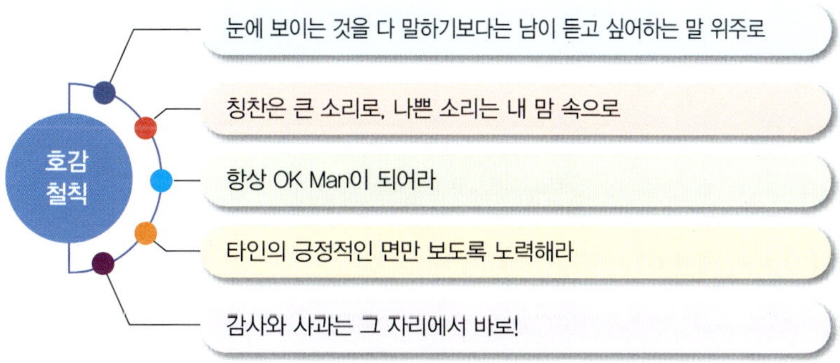

호감연출을 위해서는 몇 가지 항목들이 있는데, 주로 좋은 이미지, 밝은 표정, 환한 미소가 중요하며, 부수적으로 목소리, 말투, 외적으로 보이는 뷰티와 패션스타일, 마음가짐을 반영한 태도와 자세 등도 호감을 각인시키기 위해서는 중요한 요소이다.

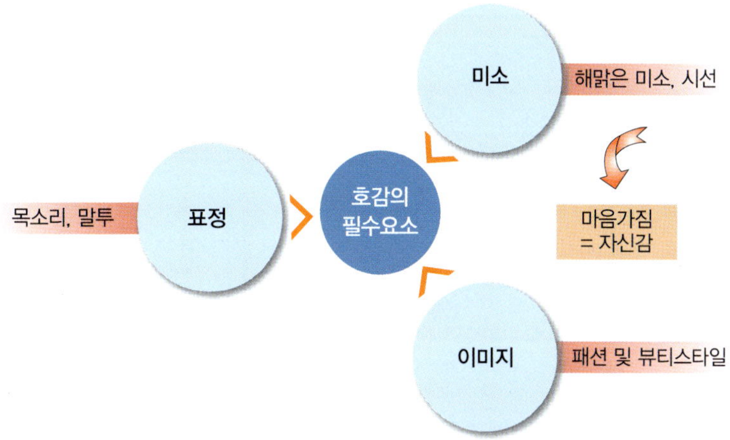

3. 표정 및 스피치

성공적인 이미지메이킹의 한 방법인 호감연출을 위해서는 가시적으로 보이는 표정과 스피치의 방법과 요령에 따라서 호감 또는 비호감으로 각인된다. 따라서 대인관계 시 호감연출을 위해서는 얼굴에서 보이는 긍정적인 표정과 호감 가는 말투 등의 표현 방법이 중요하다고 할 수 있다.

'타고난 외모가 비호감이라 할지라도 후천적인 노력으로 표정과 인상을 호감형으로 바꿀 수 있다.'

[그림 2-1]

1 호감 가는 스피치를 위한 태도

① 얼굴은 긴장을 풀고 마음을 차분하게 가지면 표정도 편안해 보인다.

② 입을 다문 상태에서 입꼬리를 스마일 하는 표정으로 유지한다.

③ 타인을 배려하는 표정을 짓는다.

④ 스피치 시 정확한 발음으로 얼굴에 미소를 유지한 상태에서 답변한다.

⑤ 스피치 시 상대방과 아이컨택(Eye contact)을 한다.

2 호감 가는 스피치 요령

① 부정적인 말보다는 긍정적인 말을 한다.

② 결론부터 제시하고 과정을 자연스럽게 풀어서 설명한다.

③ 겸손하게 말하되 자신감은 잃지 않도록 말한다.

④ 타인에게 들은 말은 전달하지 않고 본인이 경험한 내용 위주로 말한다.

⑤ 진솔되고 신뢰감 가는 말투로 대화를 진행한다.

주의사항

- 얼굴에는 자신의 생각과 심리 상태가 그대로 반영된다.
- 첫인상으로 연결되고 호감 및 비호감으로 직결된다.
- 좋은 이미지는 성공적인 대인관계 구축 시 유리하고, 상대방과 공감대를 형성하는 것이 중요하다.

3 호감 가는 표정 체크리스트

① 자신의 웃는 얼굴이 마음에 드는가?

② 당신의 웃는 얼굴에 대해서 남에게 칭찬을 들은 적이 있는가?

③ 웃지 않고 가만히 있으면 상대방이 당신을 차갑게 보는가?

④ 당신의 웃음소리는 밝고 명랑한가?

⑤ 당신 스스로가 자신을 호감형이라고 생각하는가?

⑥ 스스로가 호감형이 되기 위해서 노력해본 경험이 있는가?

+ Keypoint

※ 다음은 말과 관련된 속담이다. 참고하여 말의 소중함을 기억하자.

- 웃는 얼굴에 침 못 뱉는다.
- 말 한 마디에 천냥 빚도 갚는다.
- 발 없는 말이 천리 간다.
- 낮말은 새가 듣고 밤말은 쥐가 듣는다.
- 말 많은 집은 장맛도 쓰다.
- 입은 하나 귀는 둘
- 화살은 쏘고 주워도 말은 하고 못 줍는다.
- 웃으라고 한 말에 초상난다.
- 가는 말이 고와야 오는 말도 곱다.
- 입은 삐뚤어져도 말은 똑바로 해라.
- 가루는 칠수록 고와지고 말은 할수록 거칠어진다.
- 혀 아래 도끼 들었다.
- 뒷간과 사돈집은 멀어야 한다.
- 한 번 한 말은 어디든지 날아간다.

4 호감 가는 스피치 사례

스피치만으로 타인에게 호감형으로 보이는 것은 쉽지 않다. 그렇기에 스피치를 어떻게 하느냐에 따라 호감 또는 비호감으로 치부되기가 쉽다. 스피치가 직업의 대부분을 차지하는 방송인, 언론인, 교육자, 정치인 등은 말 한 마디에 따라 호감을 사기도 하고 또는 인정을 받기도 하며, 신뢰감 있는 사람으로 인식된다. 하지만 말 실수를 자주 하는 사람은 그 사람에 대한 도덕성과 인간성, 신뢰성 등에 대해서 부정적인 인식을 갖게 된다. 따라서 스피치는 행동과 함께 개인의 인격으로 인정되기에 항상 바른 언행이 되기 위해서 항상 노력해야 할 것이다.

타인에게 호감 가는 스피치 방법은 먼저 '선친후돌'이라는 방식으로 먼저 친근감을 표현하고, 후에 돌직구 발언을 하는 것, 즉 칭찬 → 돌직구 → 칭찬의 순서로 마무리하는 것이 좋다. 또한 스피치가 좋은 사람이 되는 방법은 핵심부터 말하고 근거는 확실하게, 먼저 수긍하고 이야기를 전개하는 것이며, 평가하기 전에 느낌부터 말하는 것이 중요하다.

칭찬 → 돌직구 → 칭찬

선	먼저
출	친근함을 표현하고
후	나중에
돌	돌직구 발언을

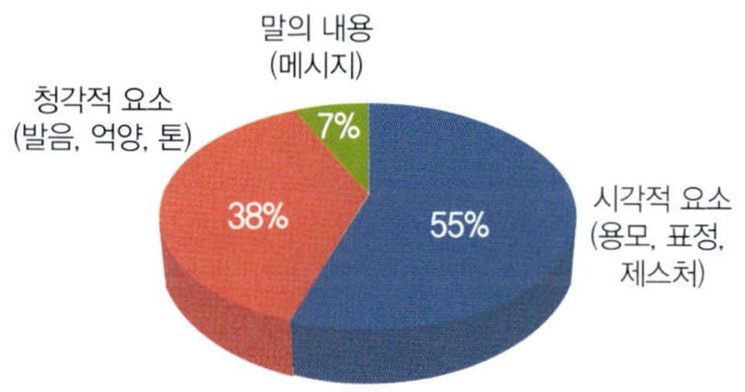

스피치 좋은 사람이 되는 방법

1. 핵심부터 말하고 근거는 확실하게
2. 먼저 수긍하고 이야기를 전개하자
3. 평가하기 전에 느낌부터 말하기

평소 타인과 대화를 하다 보면 진솔되지 않은 말을 하는 사람, 즉 거짓말 하는 사람들의 유형을 파악할 수 있는데 핵심적인 내용은 다음과 같다.

거짓말 하는 사람의 행동 유형

1. 양손으로 제스처를 과장되게 표현한다
2. 눈을 과장되게 마주치고 호응을 한다
3. 상대방의 말에 오버된 감탄사를 연발한다

5 설득의 법칙

인간은 외모가 각양각색 다르게 생겼고 성격 또한 다양하다. 설득이라는 것은 나의 생각을 타인에게 공감을 얻기 위한 행동의 일체를 의미한다. 즉, 듣는 사람이 나와 생각이 같게끔 만드는 과정이다. 설득의 과정은 주로 객관적이고 논리적인 부분을 근거로 하여 설명을 하되, 자신의 주관적인 견해를 추가로 이입하여 최종적으로 설득하는 것이다.

설득은 주로 컨설팅, 상담, 마케팅 등에 활용되는데 피설득자의 입장이라면 설득자가 설명하는 내용을 무조건 이해하거나 신뢰하기보다는 한 번쯤은 설득의 이유, 근거와 목적 등을 잘 파악하는 것이 중요하며, 타인을 설득할 때는 다음과 같은 설득의 법칙이 존재하기에 참고하면 보다 탁월한 설득법을 이해하는 데 도움이 될 것이다.

설득의 법칙은 설득 시 필요한 요소의 영어 스펠링 앞글자를 인용하여 'SOFTEN'이라고 한다.

① S : Smile - 미소

② O : Open Posture - 열린 자세

③ F : Forward lean - 몸 기울이기

④ T : Touch - 악수 등의 신체 접촉

⑤ E : Eye contact - 시선 맞추기

⑥ N : Nod - 고개 끄덕이기

6 소통의 법칙

소통의 사전적 의미는 '막히지 아니하고 잘 통함', '뜻이 서로 통하여 오해가 없음'이다. 소통은 주로 의사소통인 커뮤니케이션(Communication)과 유사 통용되기도 하는데, 이 커뮤니케이션은 인간의 기본 활동에 있어서 필수불가결한 요소이다.

커뮤니케이션은 물질적 기호를 매개수단으로 하는 정신적, 심리적인 전달과 교류를 의미하고, 어원은 라틴어 '나누다'의 Communicare에서 유래되었다. 최근에는 이 커뮤니케이션을 소통이라고 혼용하여 사용하는 경우가 많은데 과거의 소통과 현대의 소통은 분명한 차이가 있다.

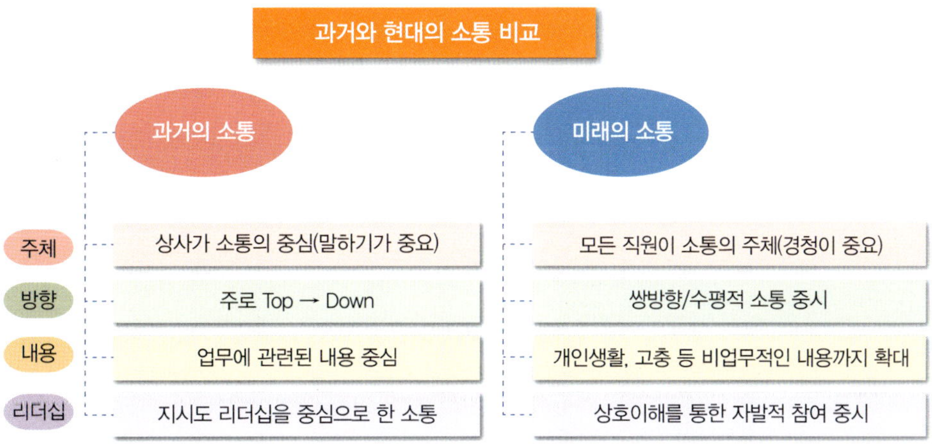

7 좋은 소통법

① 좋은 청중이 되어라.
② 칭찬을 아끼지 마라.
③ 공감하고 긍정하라.
④ 겸손은 최고의 미덕이다.
⑤ 과감히 공개해라.
⑥ 뒷말을 자제해라.
⑦ 첫 마디를 준비하라.
⑧ 이성과 감성을 조화시켜라.

⑨ 대화의 규칙을 지켜라.

⑩ 완전한 문장으로 말하라.

⑪ 효과적인 보디랭귀지를 사용해라.

· 토론 및 메모 ·

· 나만의 차별화된 소통법에 대해서 토론해 보세요.

4. 퍼스널컬러

사람의 외모가 각양각색으로 생겼듯이 타고난 저마다의 신체색과 이미지가 따로 있다. 여기서 의미하는 신체색은 외부의 모든 경우와 상황을 배제한 순수한 피부색, 모발색, 눈동자색을 말하며, 이미지는 얼굴형과 이목구비에서 느껴지는 형상을 의미한다.

퍼스널컬러는 사람의 타고난 피부톤에 가장 잘 어울리는 색상을 의미하고, 이는 뷰티와 패션스타일에 적용된다. 뷰티 분야에서 메이크업의 일례로는 베이스메이크업의 유형인 웜톤, 쿨톤을 의미하고, 색조화장품에서는 아이섀도, 립스틱, 치크 등의 색상이 본인의 피부톤에 잘 어울리는지를 알아본다. 네일 분야에서는 손 피부와 가장 잘 어울리는 네일컬러를 찾는 것, 헤어 분야에서는 본인 얼굴색에 가장 잘 어울리는 헤어염색컬러를 대입하는 것이라고 이해할 수 있다.

패션 분야에서는 본인 피부톤과 이미지에 어울리는 의복색, 액세서리 색상 등이 퍼스널컬러로 적용된다. 하지만 아직까지 퍼스널컬러는 과학적인 근거로 자리 잡힌 학문이 아니기에 과학적이라기보다는 진단자의 주관적인 견해와 감각, 경험 등으로 퍼스널컬러를 진단하는 경우가 많다.

1 퍼스널컬러의 정의

퍼스널컬러는 'Personal+color'의 합성어로 개인의 신체색과 이미지에 가장 잘 어울리는 최상의 컬러로 해석된다. 퍼스널컬러의 유래는 고대 그리스, 로마 시대의 연극에서 배우의 캐릭터상 외적 이미지와 역할, 성격 및 개성 등을 표현하는 것에서부터 유래하였다.

퍼스널컬러에 대해서 학자마다 시사하는 바가 차이가 있고, 여러 학자들의 전문적이고 지속적인 연구에 따라 체계가 잡혔고, 현재 뷰티와 패션에 적용되는 하나의 학문이 되었다. 여러 학자들의 연구 핵심을 정리한 흐름은 다음과 같다.

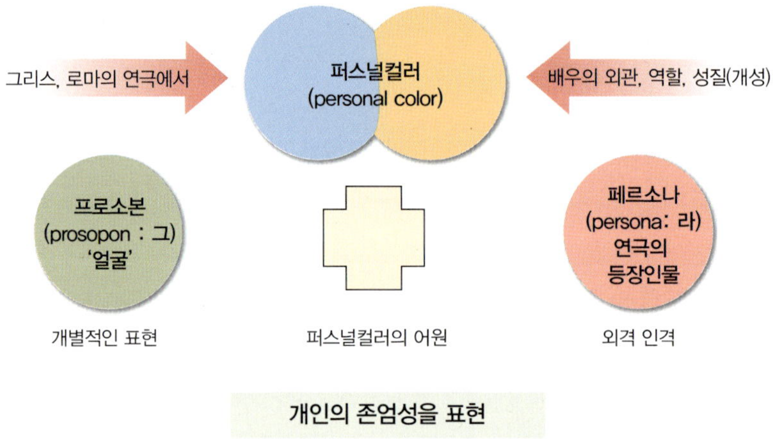

퍼스널컬러에서의 신체색은 피부색, 눈동자색, 모발색의 3가지를 의미한다. 피부색의 진단은 햇빛을 받지 않는 목덜미 뒤쪽, 두피색상, 손목 또는 팔뚝의 안쪽 색상을 보고 진단하는 것이 정확하고, 눈동자색은 컬러렌즈를 착용하지 않은 일반적인 눈동자의 색상, 모발색은 헤어염색을 하지 않은 생머리의 색상을 진단한다.

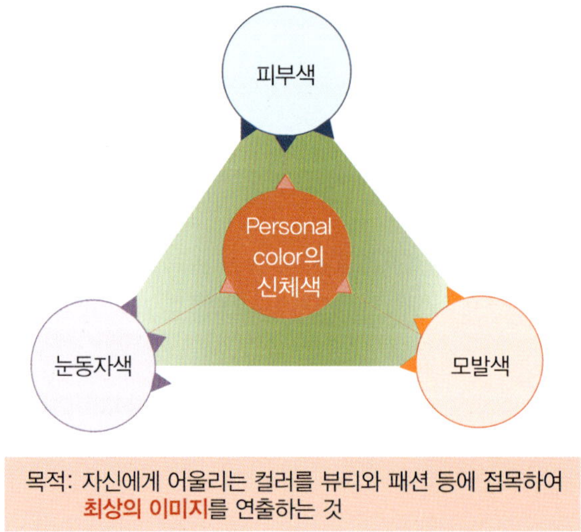

2 퍼스널컬러의 기원 및 유래

퍼스널컬러가 출현하기까지 한 학자의 이론만으로는 이론을 정립하는데 어려움이 있어 여러 학자들의 지속적인 연구를 통한 이론을 정립하여 현재의 퍼스널컬러가 하나의 외적인 어울림을 판단하는 기준이 되었다.

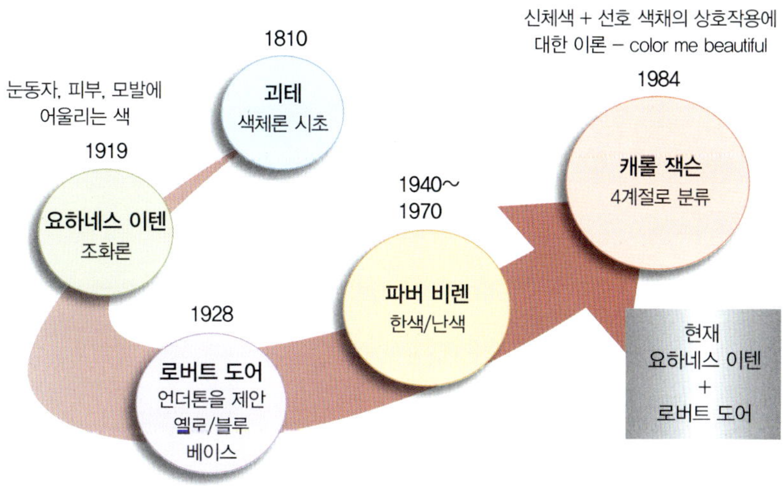

[표 2-1] 퍼스널컬러의 발전과정

괴테(1810)	괴테의 색채론에서 시초
요하네스 이텐(1919)	조화론 : 눈동자, 피부, 모발에 어울리는 색
로버트 도어(1928)	피부 언더톤을 제안 : 옐로와 블루의 두 가지 색상
파버 비렌(1940~1970)	색상을 한색과 난색으로 구분
캐롤 잭슨(1984)	신체색+선호 색채의 상호작용을 설명 : 4계절(봄, 여름, 가을, 겨울)로 구분
요하네스 이텐+로버트 도어+먼셀 색체계 적용	현재의 퍼스널컬러 이론

3 피부톤을 활용한 퍼스널컬러 분류법

사람의 피부톤은 크게 노르스름한 피부톤의 옐로 베이스와 희면서 푸르스름한 블루 베이스의 두 가지로 분류한다. 대체적으로 피부색을 결정하는 요소로는 멜라닌 색소에 의해 결정되는데, 이는 인종을 결정하게 되고, 피부뿐만 아니라 모발, 눈, 귀, 심지어 뇌에도 영향을 미친다.

멜라닌 색소는 크게 유멜라닌과 페오멜라닌이 있다. 유멜라닌은 주로 노르스름하고 까무잡잡한 피부톤을 가진 동양인에게 많이 분포되어 있으며, 색상으로는 갈색과 흑색이며, 이는 피부와 모든 털의 색상에서 나타난다.

페오멜라닌은 서양인에게 많은 멜라닌 색소이며, 마찬가지로 피부와 털에서 발견된다. 색상은 핑크 또는 붉은색을 띠는 경향이 있어 간혹 붉은 모발을 가진 서양인을 종종 볼 수 있다.

피부의 색 결정 요소 – 멜라닌 색소의 분포

4 웜톤과 쿨톤의 피부톤 특징 이해

퍼스널컬러는 개인의 신체색과 이미지 두 가지를 기준으로 하여 어떤 계절 유형인지를 구분하게 된다. 먼저 피부톤을 알아보기 위해서 4계절 유형으로 구분한 피부톤의 특징을 살펴보면 다음과 같다. 먼저 웜톤인 봄과 가을 피부톤의 공통점은 옐로 베이스를 전제로 하여 봄은 맑고 투명한 노란색 피부이고, 가을은 노르스름하고 까무잡잡한 노란색 피부이다.

쿨톤의 여름과 겨울 피부톤의 공통점은 블루 베이스를 전제로 하여 여름은 희면서 붉은 피부로, 즉 피부막이 얇아 모세혈관이 비치는 특성으로 인해 피부톤이 희면서 붉다. 겨울의 특징은 창백하게 하얀 피부를 말한다. 따라서 우리가 패션코디 연출 시 가장 좋은 피부톤 유형은 웜톤의 노란, 쿨톤의 여름과 겨울인데, 그중 가장 좋은 피부는 희고 창백한 겨울톤이다. 반대로 패션코디 연출 시 가장 애매한 피부톤이 까무잡잡한 웜톤의 가을이기는 하나, 본인에게 가장 잘 어울리는 퍼스널컬러를 연출했을 때는 어느 피부톤보다 매력적이고 섹시한 피부톤이라고 생각하는 게 저자의 주관적인 견해이다.

4계절 유형별 피부톤 특징

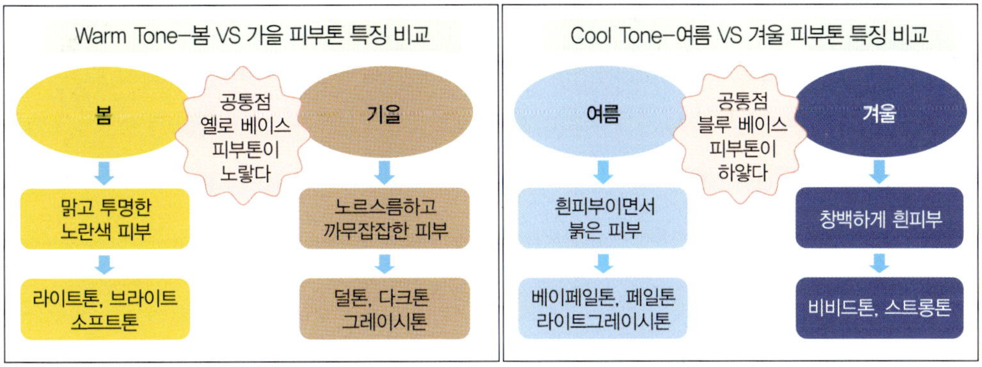

· 토론 및 메모 ·

· 나의 퍼스널컬러 피부톤은 어떤 계절인가요?

5 웜톤과 쿨톤의 이미지별 진단법

개인의 이미지별 퍼스널컬러를 구분하는 방법은 이목구비와 얼굴형, 시감 등으로 구분하게 되는데, 이는 주로 육안 측색이 이루어지고, 눈으로 보이는 시감 측색의 방법으로 판단하게 된다. 퍼스널컬러는 아직까지 과학적인 학문으로 인정함에 무리함이 있어, 진단자의 주관적인 견해가 많이 이입되는 것이 사실이다.

먼저 뷰티 분야에 활용되는 퍼스널컬러는 대부분 메이크업한 피부톤보다는 노메이크업인 생얼을 기본으로 하는 경우가 많다. 즉, 피부톤 유형에 따라 어울리는 퍼스널컬러를 판단하게 되는데, 신체색과 이미지의 판단 비율은 신체색(피부색, 모발색, 눈동자색)이 70%이고, 이미지(얼굴형, 이목구비 형태, 시감 등)의 비율이 30%에 해당된다. 그 이유는 메이크업은 주로 베이스화장품 및 색조화장품 색상에 적용하게 되고, 헤어는 모발 염색컬러, 네일 등에 적용한다. 즉, 생얼인 상태의 피부톤에 따라 베이스화장품의 색상이 웜톤인지 쿨톤인지를 결정하게 되고, 어울리는 색조화장품의 색상도 봄 타입이면 라이트톤, 브라이트톤, 소프트톤을 사용하게 되고, 가을 타입이면 덜톤, 다크톤, 그레이시톤을 사용하게 된다. 헤어염색과 네일컬러도 마찬가지로 동일한 방법으로 적용하게 된다.

패션 분야에 활용되는 퍼스널컬러는 신체색과 이미지의 판단 비율이 이미지 70%이고, 신체색은 30% 반영하게 된다. 그 이유는 사람의 신체를 100으로 보았을 때, 얼굴이 전신 비율의 10% 정도에 해당이 되고, 몸은 90% 정도를 차지하게 된다. 따라서 얼굴의 10%보다 전체적으로 어울리는 90%를 얼굴형과 이목구비, 개인의 느낌, 즉 이미지에 따라 코디하는 것이 보다 더 정확하다고 할 수 있다. 또한 패션연출은 주로 생얼보다는 메이크업을 한 상태에서 본인에게 어울리는 패션컬러를 찾는 경우가 더 많기 때문에 낮은 비율의 얼굴 피부톤보다는 본인 얼굴형과 느낌적인 이미지에 어울리는 패션컬러를 선택하는 것이 보다 더 정확한 퍼스널컬러 연출법이 될 수 있다는 것이다. 하지만 퍼스널컬러는 아직까지 과학으로 정립된 학문이 아니라서 진단하는 사람의 주관적인 견해가 다소 이입될 수 있어 진단자마다 다소 차이가 있음을 감안해서 판단하는 것이 좋다.

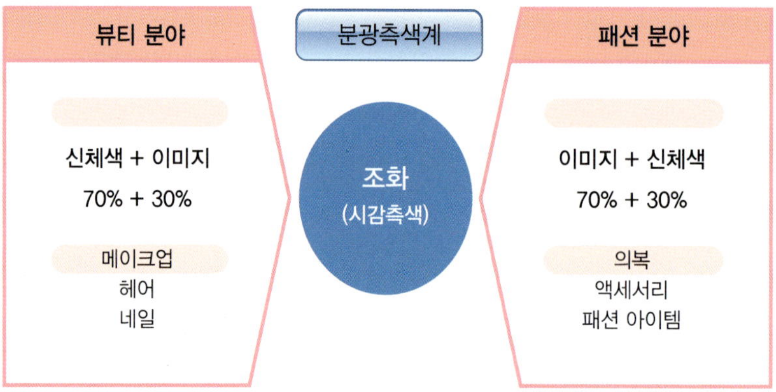

6 웜톤과 쿨톤의 이미지별 특징

퍼스널컬러 유형에 따른 각 계절별 이미지 특징을 살펴보면 다음과 같다. 먼저 웜톤의 봄은 나이보다 어려보이는 동안 이미지로, 형용사적 표현으로는 어려보이는, 귀여운, 생기있는. 발랄한, 밝은 등이 있다. 가을은 동안의 반대인 성숙한, 올드한, 여성미가 강조된 섹시한, 남성을 상징하는 표현으로는 터프함, 상남자 등이 가을 유형에 속한다.

쿨톤의 여름은 전체적으로 여성스럽고, 로맨틱하고, 부드러운 이미지를 말하며, 겨울은 세련되고, 지적이고, 도회적이고, 시크한 차도남, 차도녀 스타일이 이에 해당된다.

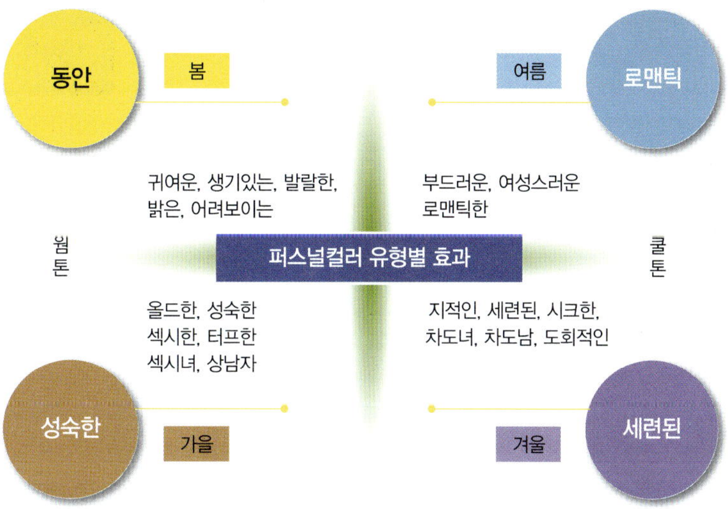

7 퍼스널컬러 진단 목적

본인에게 적합한 퍼스널컬러의 적용은 대인관계 시 호감형 또는 비호감을 표현하는 외적 이미지 수단이며, 다음과 같은 진단 목적이 있다.

① 자신에게 어울리는 색상을 뷰티와 패션에 접목함으로써 외모의 개선 및 향상에 도움을 준다.

② 자신감 부여로 스스로의 자존감 향상 및 외부 호평으로 인한 자신감이 상승된다.

③ 자신감 있는 외모는 자신감 있는 태도로 연결되며, 이는 곧 성공적인 대인관계 구축에 도움이 된다.

④ 불필요한 쇼핑을 줄이고, 경제적인 쇼핑을 하는 데 도움이 된다.

8 퍼스널컬러 진단 절차 및 방법

정확한 퍼스널컬러 진단을 위해서는 다음과 같은 방법과 절차가 필요하다. 먼저 진단장소 선정, 진단자의 피부 상태 및 진단 전 주의사항, 진단물품 등의 구비 등이 필요 사항이며, 이를 진단하기 위한 퍼스널컬러 관련 전문가의 식견 등이 중요한 요소이다. 세부적인 방법과 절차는 다음을 참고한다.

[그림 2-2] 퍼스널컬러 진단천

[그림 2-3] 뷰티에 적용하는 사례

[그림 2-4] 패션에 적용 사례

[그림 2-5] 헤어컬러에 적용된 퍼스널컬러 사례

Winter
Spring
Summer
Autumn

[그림 2-6]

SUMMER
WINTER
COOL
FOUR SEASON
color palette
WARM
AUTUMN
SPRING

[그림 2-7]

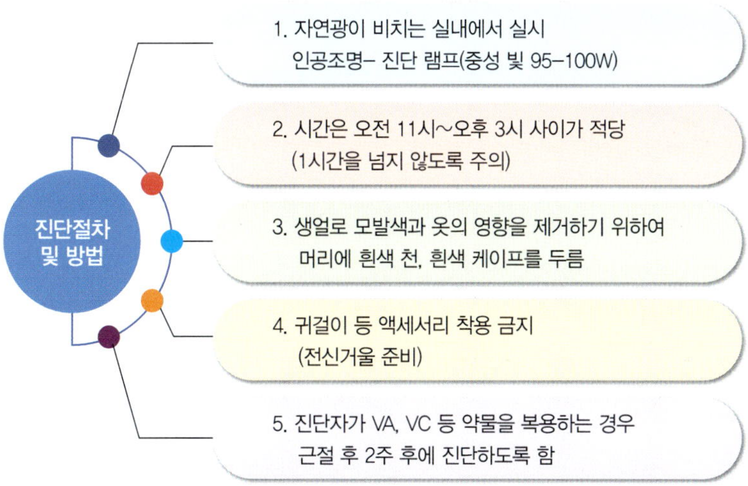
진단절차 및 방법
1. 자연광이 비치는 실내에서 실시
인공조명– 진단 램프(중성 빛 95–100W)
2. 시간은 오전 11시~오후 3시 사이가 적당
(1시간을 넘지 않도록 주의)
3. 생얼로 모발색과 옷의 영향을 제거하기 위하여
머리에 흰색 천, 흰색 케이프를 두름
4. 귀걸이 등 액세서리 착용 금지
(전신거울 준비)
5. 진단자가 VA, VC 등 약물을 복용하는 경우
근절 후 2주 후에 진단하도록 함

9 퍼스널컬러 진단 효과

피부톤과 이미지에 적합한 퍼스널컬러를 연출하였을 때 다음과 같은 진단 효과가 있다. 이는 뷰티 분야인 메이크업, 헤어 분야에서도 적용됨은 물론 패션컬러 연출에도 적용이 된다. 따라서 본인의 피부톤과 이미지에 잘 어울리는 퍼스널컬러 연출은 개인의 단점은 보완되고, 장점은 부각시키는 일종의 이미지 개선 및 향상 수단이 될 것이다.

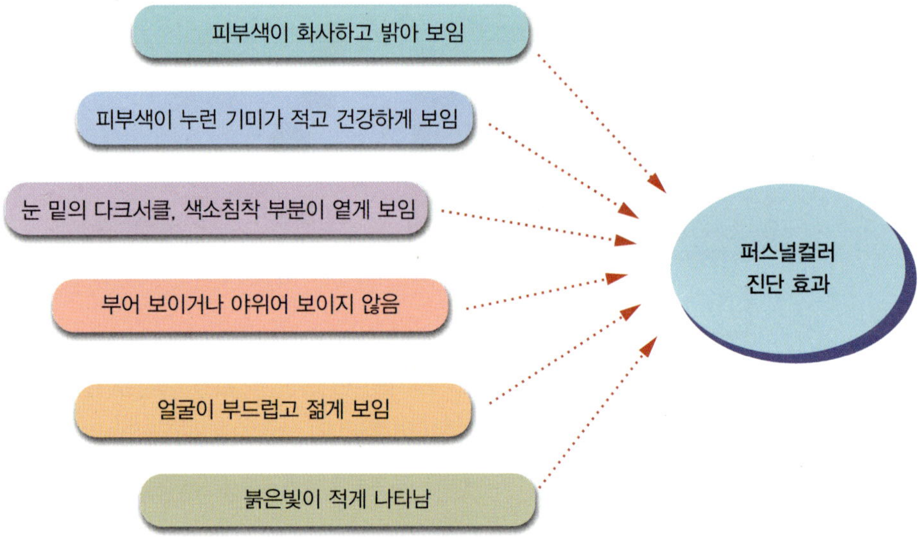

자신의 최상의 이미지를 상대방에게 표현하기 위해서 퍼스널이미지 전문가를 통해 컨설팅을 받게 되는데, 주로 외모가 하나의 마케팅 수단이 되는 직업인, 홍보 및 마케팅 관련 종사자, 연예인, 정치인 등이 이를 잘 활용하여 자신의 장점과 매력을 어필하는 것이 좋다.

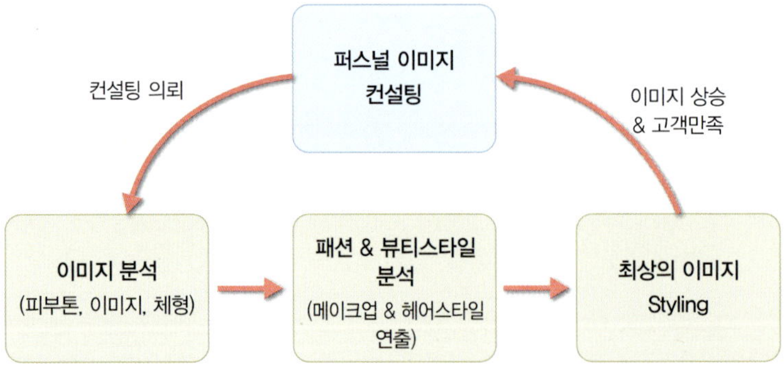

퍼스널컬러 진단 후 뷰티 및 패션코디에 접목하면 다음과 같은 연출 효과가 나타난다. 첫째, 현재 자신의 이미지 개선 및 상승 효과, 둘째, 스스로의 이미지 상승 및 자신감 향상, 셋째, 호감연출로 인한 대인관계 향상, 넷째, 외모가 경쟁력인 현대사회의 사회적 이미지 향상으로 원만한 대인관계의 구축으로 성공적인 비즈니스에 도움이 된다.

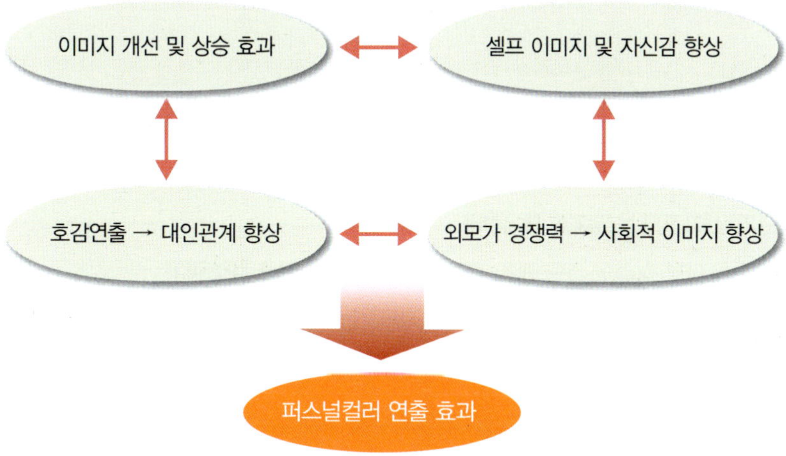

· 토론 및 메모 ·

· 퍼스널컬러 이론에 대해서 복습해 보세요.

5. 체형분석 및 패션전략

사람의 얼굴과 이미지가 개인마다 차별성 있게 다르듯이 체형도 각각 다르게 형성되었다. 체형은 체격에 나타나는 특징으로 분류되는 몸의 형태를 의미하며, 개인마다 체형이 다른 이유는 일단은 유전이고, 후천적으로는 거주 환경, 식생활, 평소 자세, 식생활 습관 등에 따라 결정된다.

+ Keypoint

- 실루엣 : 옷의 전체적인 외형 윤곽을 의미한다.
- 의복의 실루엣은 어깨, 허리, 스커트, 팬츠, 외투 등이 형성하는 선으로 결정된다.
- 실루엣은 입는 사람의 몸매와 행동, 인공적인 또는 자연적인 바람과 같은 환경의 영향으로 인해 다양한 실루엣이 형성된다.l
- 세상에서 가장 아름다운 실루엣은 인체의 곡선이다.

1 체형의 종류와 패션전략

체형의 구분은 사이즈의 크고 작은 개념보다는 상체와 하체의 균형에 의해서 구분되고, 선천적 또는 후천적인 다양한 원인에 따라서도 결정된다. 체형은 대략 아워글래스형(모래시계형), 둥근형, 역삼각형, 삼각형, 직사각형의 5가지로 구분하게 된다.

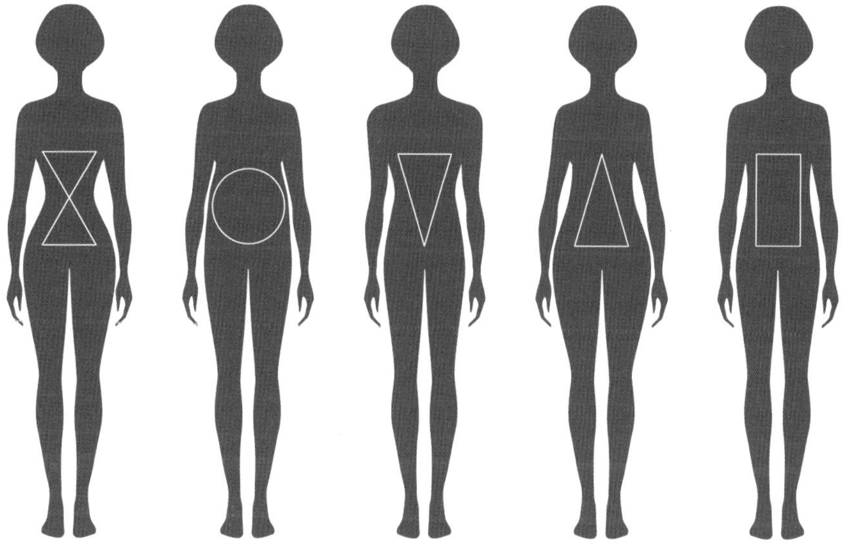

[그림 2-8] 체형의 종류

(1) 보래시계형

현대 여성들이 보편적으로 선호하는 체형으로 상반신과 하반신의 균형감이 좋으며, 허리선이 잘록하게 드러나는 것이 특징이다. 이 체형은 곡선미가 부각되는 여성의 상반신과 하반신의 경계가 뚜렷하여 여성스러운 느낌이 강하고 관능미, 섹시미, 건강미가 돋보이는 체형이다. 반면 이 체형은 상체와 하체가 전반적으로 볼륨감 있는 체형이므로 코디를 잘못하는 경우 체격이 커보일 수 있는 단점이 있다.

모래시계형 패션전략

- 여성미를 강조하기 위해서는 허리선을 강조하는 것이 좋고, 체형의 장점을 활용하는 것이 좋다. 즉, 하반신의 각선미가 좋은 경우는 짧은 미니스커트로 장점을 부각시키는 것이 좋다.
- 여성미와 우아미, 섹시미를 강조한 옷이 여성스러운 아름다움을 표현해준다.

(2) 둥근형

상체와 하체 중 복부에 살이 많은 체형으로, 몸통 부분이 통으로 된 경우가 많아 허리가 굵어 보이는 단점이 있고, 목이 짧아 둥근 복부가 더욱더 둥글게 두드러져 보이는 체형이다. 이 체형은 복부에 살이 많아 뚱뚱해 보이는 체형으로 애플형(Apple)이라고도 한다. 장점으로는 허리가 짧아 보이기에 비례적으로 하체가 길어 보이는 경우가 있다.

둥근형 패션전략

- 복부에 살이 많은 체형으로 가급적이면 허리를 강조하는 디자인은 피하는 것이 좋다.
- 시선이 복부 쪽으로 가지 않게 상반신에 포인트를 주어 시선을 분산시킨다.
- 허리 부분은 어두운 컬러가 배색이 된 디자인으로 축소 효과를 주는 것도 좋다.

(3) 역삼각형

상체에 비해 하체가 작은 체형으로 어깨가 넓고 골반이 좁은 체형이라고 할 수 있다. 이 체형은 여성의 경우는 허리와 골반의 곡선이 크지 않고 볼륨감이 없어 남성적인 이미지가 있고, 대표적인 남성 체형이다. 여성의 체형으로 표현하면 이 체형은 가슴은 볼륨감이 있고, 엉덩이 부분에 볼륨감이 없는 납작한 체형을 의미한다.

역삼각형 패션전략

- 넓은 어깨가 강조되지 않고, 상의 색상은 축소 컬러, 즉 어두운 색상을 선택하는 것이 좋다.
- 하의는 밝은색으로 연출하고, 포인트가 있는 것이 좋다.

(4) 삼각형

상체보다 하체가 넓은 체형으로 좁은 어깨와 넓은 엉덩이가 대표적이다. 이 체형은 작은 어깨로 등이 좁고 가늘고 긴 반면, 하체는 짧고 튼실한 체형으로 대표적인 한국여성의 체형에서 자주 볼 수 있다. 그 이유는 한국인의 식습관인 국과 찌개 등 염분이 많은 음식들이 많은 수분을 섭취하게 되는데, 이 경우 수분을 땀이나 칼로리로 배출하지 않는 경우 하반신에 부종으로 이어지는 경우가 많고, 이것이 일종의 하반신이 두꺼워지는 이유로 작용하게 된다.

삼각형 패션전략

- 좁은 어깨가 강조되지 않고, 상의 색상은 팽창 컬러로, 즉 밝은 색상을 선택하는 것이 좋다.
- 좁은 어깨를 커버하기 위해서 칼라 부분이 큰 것이 좋고 리본 또는 코사지를 활용하여 빈약한 상체의 단점을 커버해 준다.
- 하의는 축소 컬러를 연출하여 하체가 슬림해 보이도록 하고, 스트라이프(stripe)가 들어간 디자인도 좋다.

(5) 직사각형

상체와 하체의 넓이가 굴곡 없이 완만한 체형을 의미한다. 이 체형은 마른 경우에는 슬림 직사각형이 되고, 뚱뚱한 경우에는 두꺼운 직사각형이 되기에 현대인의 마르거나 뚱뚱한 체형, 즉 극과 극의 체형을 표현하는 현대인의 대표적인 체형이라고 할 수 있다. 여성이 직사각형 체형인 경우 가슴에 볼륨감이 없고 납작하며, 엉덩이 역시 볼륨감이 없어 여성미가 부족한 체형이라고 할 수 있다. 하지만 패션모델인 경우는 인체의 곡선 또는 볼륨보다는 옷의 특성을 살려야 하는 직업이므로 진세직으로 슬림한 직사각형의 체형을 가진 모델들이 많다.

직사각형 패션전략

▶ 슬림형

- 상체와 하체가 볼륨감이 없으므로 허리선을 강조하는 것이 좋고, 옷의 디자인이 무늬가 없는 솔리드보다는 과감한 프린트가 들어간 옷이 빈약한 몸을 커버해준다.
- 슬림한 몸을 커버하기 위해서 얇은 소재보다는 중간 또는 두꺼운 소재를 활용하여 체형의 단점을 커버하는 것이 좋고, 여러 겹의 옷을 겹쳐있는 레이어드 스타일을 추천한다.

[그림 2-9] 체형의 종류

2 체형별 코디네이션

(1) 체형분석법

체형분석법

▶ 여성

- 가슴둘레 + 1~5cm = 엉덩이둘레
- 허리둘레와 엉덩이둘레의 비례는 0.7 : 1이 가장 이상적인 체형
  - 예 허리둘레가 70cm이면 엉덩이둘레는 100cm가 적당
- 허리둘레 : 엉덩이둘레는 WHR지수라고 하며 복부지방률이라고 함

▶ **남성**

- 어깨가 넓고 엉덩이가 좁은 역삼각형을 이상으로 기준
- 체형분류법 : 드롭이라는 개념을 사용함
  - 예 상드롭, 하드롭. 상드롭 = 윗가슴둘레 = 허리둘레
- 윗가슴둘레 - 허리둘레 = 18.4cm ~ 32cm(평균 21cm)
- 허리둘레와 엉덩이둘레의 비례는 0.8 : 1이 가장 이상적인 체형
  - 예 허리둘레가 80cm이면 엉덩이둘레는 100cm가 가장 이상적

(2) 등신 구분법

등신은 저울 등(戰), 몸 신(身)을 사용하여 몸을 저울로 나누는 것을 등신(戰身)이라고 한다. 우리가 보통 체형을 분석할 때 몇 등신인지를 구분하여 옷태가 잘 나는지, 비율이 좋은지를 판단하게 된다. 과거에는 미인을 보통 8등신이라고 하였으나 현대에는 체격과 체형이 바뀌었다. 좋은 등신의 비율을 판단하기 위한 요소로는 작은 얼굴, 즉 스몰 페이스(Small Face)를 기준으로 하여 키에 대한 비율을 측정하게 된다.

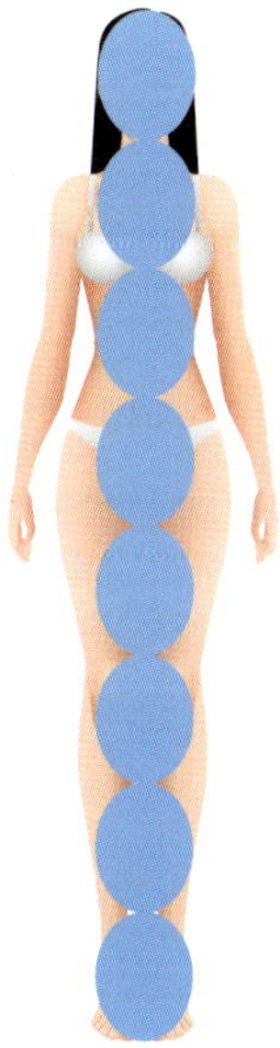

등신 구분법

▶ **본인의 머리가 키에 몇 개 정도 들어가는지를 판단하는 방법**

- 두상 길이(정수리부터 턱 끝까지의 길이(cm))
  - 예 두상 길이가 20cm이고 키가 160이면 160 ÷ 20 = 8, 즉 8등신이 됨

보편적인 패션코디 상식

① 자신의 체형의 단점과 장점을 잘 파악하여 장점은 부각시키고, 단점은 커버한다.

② 가장 날씬해 보이는 선은 세로선보다 사선이다.

③ 어두운 컬러는 몸이 축소되어 보여 날씬해 보인다.

④ 밝은 컬러는 몸이 팽창되어 보여 뚱뚱해 보인다.

⑤ 키가 작은 체형은 상·하의 컬러를 통일하는 것이 시각적으로 길어 보인다.

⑥ 키가 작은 체형은 세로 스트라이프를 활용하여 시각적으로 키가 커 보이도록 연출한다.

⑦ 키가 큰 체형은 상·하의를 다른 컬러로 연출하는 것이 좋고, 상의를 어둡게 착용한다.

⑧ 뚱뚱한 체형은 몸의 중앙에 가로 포인트가 있는 것이 전체적으로 체형 커버도 되고 슬림해 보인다.

· 토론 및 메모 ·

· 자신의 체형과 등신을 분석해 보세요.

· 자신에게 어울리는 패션코디 전략을 수립해 보세요.

SUPPORT SERVICE

Chapter 03

고객이론 및 고객응대법의 이해

1. 고객이론
2. 고객서비스
3. 고객상담 화법
4. 블랙컨슈머 응대법

1. 고객이론

1 고객의 개념

고객이라 함은 단순하게 상점 등에서 물건을 사는 사람, 경제활동에서 창출된 재화와 용역, 상품과 서비스 등을 구매하는 개인을 의미하며, 소비활동을 하는 모든 주체를 고객 또는 소비자라고 한다. 고객의 사전적 의미는 돌아볼 '고(顧)', 손 '객(客)'이며, 기업의 입장에서 다시 와 주었으면 하는 사람으로 '손님'이란 용어로 표현되기도 한다.

2 고객의 유형

기본적인 고객의 유형은 크게 내부고객과 외부고객으로 구분된다. 먼저 고객은 통상적으로 외부고객을 의미하는데, 내부고객도 외부고객과 마찬가지로 중요한 고객임을 인식해야 한다.

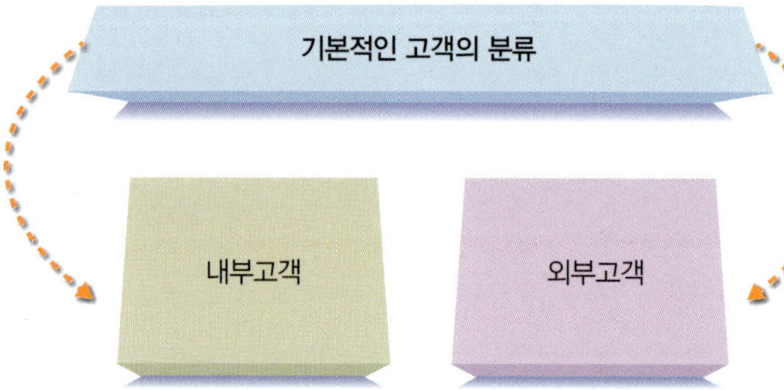

(1) 외부고객

특정 제품이나 서비스를 실제로 구매하고 사용하는 소비자를 의미한다. 우리가 보편적으로 알고 있는 고객은 구매자의 개념이고, 기업의 존재 유무와 성공 여부도 구매자, 즉 소비자가 있기 때문에 존재한다고 해도 과언이 아니다. 따라서 고객의 수요와 니즈가 변하면 고객서비스의 방식과 유형, 내용 등도 변해야 한다.

외부고객에 대한 다양한 의미를 정리하면 다음과 같다.

첫째, 서비스를 생산하게끔 하는 소비자이다.

둘째, 고객은 서비스의 구매자 또는 이용자이다.

셋째, 고객은 서비스를 생산하고 사용함으로써 제 3자 또는 잠재고객에게 긍정적인 영향을 미칠 수 있는 존재이다. 즉, 앞서 제시한 내용을 풀이하면 고객은 서비스업에서 생산자, 소비자, 영향 전파자로서의 다양한 역할을 하는 사람이다.

3 내부고객

기업에 종사하는 사람을 총칭하는 의미이며, 이를 일종의 고객이라 하고 다른 표현으로는 내부고객이라고 한다. 과거의 마케팅은 단순히 외부고객만을 고객으로 간주했으나 이제는 내부에 종사하는 종사자들도 일종의 고객, 즉 내부고객으로 인정한다.

기업 경영자는 이러한 내부고객을 잘 교육시키고 관리함으로써 외부고객과의 마찰을 줄이고, 추후 충성고객으로까지 연결시킬 수 있는 중요한 매개체이므로 내부고객을 잘 관리하는 것, 즉 외부고객을 잘 관리하는 것이라고 할 것이다. 이 말을 달리 표현하면 상품을 1차적으로 대면하는 사람은 내부 종사자이며, 이는 곧 기업의 이미지를 결정짓게 되고, 고객이 구매한 서비스에 대해서 만족 또는 불만족을 결정하게 된다. 따라서 외부고객만 잘 관리하는 것보다는 내부고객부터 공평하고 합리적으로 잘 관리한다면 이러한 영향들이 외부고객에게도 전사되어 결과적으로 전체적인 고객관리에 긍정적인 영향을 미칠 것이다.

4 기타 고객

① **잠재고객** : 현재는 고객이 아니지만 추후 고객이 될 가능성이 있는 예비 구매자

② **가망고객** : 기업 또는 제품에 관심이 있어 고객이 될 가능성이 있는 고객

③ **신규고객** : 첫 거래를 시작하는 고객

④ **기존고객** : 제품을 2회 이상 구입한 경험이 있는 고객

⑤ **충성고객** : 제품 또는 회사에 우호적인 마인드가 있으며, 추가구매 및 재구매가 이루어지는 고객

5 그레고리스톤의 고객유형 4

(1) 경제적 고객

절약형 고객이라고도 하며, 고객 가치를 극대화하려는 고객을 의미한다. 이 고객은 투자한 시간과 돈, 노력에 대해서 최대의 효용을 얻으려는 고객으로 서비스기업의 경제적 강점을 검증하고 가치를 면밀하게 조사하는 요구가 많으며, 때로는 변덕스러운 고객이다. 이러한 고객의 상실은 기업의 입장에서 매출 하락으로 이어지며 잠재적 경쟁 위험에 대한 부정적 신호라고 할 수 있다.

(2) 윤리적 고객

도덕적 고객이라고도 하며, 윤리적인 기업의 고객이 되는 것을 고객의 책무라고 생각한다. 기업의 사회적 이미지가 깨끗하고 윤리적이어야 고객을 유지할 수 있다는 것을 의미한다.

(3) 개인적 고객

개인 간의 교류를 선호하는 고객을 의미하며, 형식적인 서비스보다 자기를 인정하는 서비스를 원하는 고객이다. 최근 현대인의 성향이 개인화되어 가는 경향을 반영하여 고객정보를 합리적으로 잘 활용하는 경우 유용한 마케팅 수단이 된다.

(4) 편의적 고객

자신이 서비스를 제공받을 때 편의성을 중요하게 생각하는 고객으로, 편의를 위해서라면 추가 비용을 부담하더라도 이를 선호하는 고객을 의미한다.

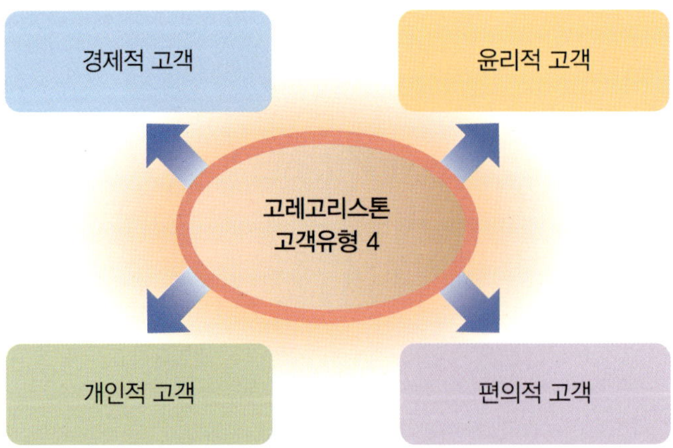

6 고객의 심리

① 고객은 각양각색, 천태만상이다.

② 고객은 왕이고 언제나 정당하다.

③ 지출비용이 많은 고객일수록 요구사항이 많다.

④ 고객의 마음은 쉽게 변하고 매사에 즉흥적이다.

⑤ 블랙컨슈머를 잘 관리하면 충성고객이 된다.

⑥ 한 번 떠난 고객의 마음은 되돌리기 힘들다.

⑦ 나만 특별대우 받기를 원한다.

⑧ 자기중심적이고, 욕심쟁이다.

⑨ 고객은 첫인상에 매우 민감하다.

⑩ 1%의 실수도 100%로의 실수로 간주한다.

고객의 다양한 심리

환영기대심리	고객은 언제나 환영받기를 원하므로 항상 밝은 미소로 맞이해야 한다.
독점심리	고객은 모든 서비스에 대해서 독섬받고 싶은 심리가 있다. 주의 : 서비스의 공정성 유지
우월심리	고객은 서비스 직원보다 우월하다는 심리를 갖고 있다. 직원 : 겸손과 자신을 낮추려는 자세 필요
모방심리	고객은 다른 고객을 닮고 싶은 심리를 가지고 있다(동조현상).
보상심리	보상심리 고객은 비용을 들인 만큼 서비스를 기대한다. 다른 고객과 비교해 손해를 보고 싶지 않은 심리를 가지고 있다.
자기본위적 심리	고객은 자신의 가치 기준을 가지고 있으며, 항상 자기 위주로 모든 상황을 판단하는 심리를 가지고 있다.
존중기대심리	고객은 중요한 사람으로 인식되고 기억해 주기를 바란다.

7 고객심리를 활용한 마케팅 효과

고객의 심리는 당시의 기분과 상황 등에 따라 다변적이기에 이를 대비하여 고객의 다양한 심리를 활용한 마케팅 방법에 대해서 이해하는 것이 중요하다.

(1) 베블렌 효과(Veblen Effect)

가격이 주기적으로 인상됨에도 불구하고 일부 특정층은 본인의 경제력과 소비력 등을 행사하기 위한 일종의 과시욕이나 허영심으로 인해 수요가 감소하지 않는 현상이 나타난다. 기업에서는 이를 물질만능주의를 추구하는 일부 특정층에게 마케팅하는 사례로 유명하고, 대표적으로는 명품(Ex : 샤넬 등)이 이러한 효과를 적용하고 있다. 이러한 심리적 효과는 고가의 물건을 구매하고 소유하면 내가 타인보다 돋보이고 우월하다는 심리에서 시작되었다.

+ Keypoint

베블렌 효과 : 미국의 사회평론가이자 경제학자인 베블렌(Thorstein Veblen)이 1899년 자신의 저서 '유한계급론'에서 '상층계급의 두드러진 소비는 사회적 지위를 과시하기 위하여 자각없이 행해진다'고 말한 것에서 유래되었다.

(2) 네트워크 효과

어느 특정 상품에 대한 수요가 다른 사람들에게 영향을 주는 효과를 의미한다. 이 효과를 다른 의미로는 네트워크 외부성이라고 하며, 종류로는 밴드웨건(악대차 효과) 또는 스놉(속물 효과 & 백노 효과)이라고 한다. 이 효과는 1950년 미국의 하비 라이벤스타인(Harvey Leibenstein)이 사람들이 제품을 구매할 때 네트워크를 형성하여 다른 사람의 수요에 영향을 준다는 의미에서 유래된 경제 현상이다.

네트워크 효과

① 밴드웨건 효과

어떤 일부 특정 계층이 유행을 주도하면 다른 사람들이 동조하듯이 그 사람들을 따라가는 현상을 의미하며, 다른 의미로는 편승 효과, 악대차 효과라고도 한다. 밴드웨건은 원래 서부개척 시대의 흰색 패브릭으로 덮은 마차를 뜻하며, 이 효과는 밴드웨건들이 앞서 가는 마차들을 줄줄이 따라가는 현상에서 유래되었다. 이 효과의 특징으로는 군중이 별 생각 없이 덩달아 뒤를 졸졸 따르게 하는 것이며, 우리말 속담으로는 '친구 따라 강남 간다'는 의미로 해석된다.

② 스놉 효과

스놉은 '속물'을 뜻하고, 타인의 구매를 따라 하는 밴드웨건 효과와 반대되는 효과로, 많은 사람들이 특정 제품에 대해 소비가 증가하면 오히려 그 제품의 수요가 줄어드는 현상을 의미한다. 다시 말해 타인이 구입하는 물건은 구입하지 않고 자기만의 독특하고 차별화된 제품을 구입하는 현상을 의미한다.

유사 의미로는 속물 효과, 백노 효과가 있다.

+ Keypoint

- 속물 효과 : 가격이 비싸고 희소성이 있는 상품에 집착하는 일부 사람의 속물적인 마음에서 붙여진 용어이다. 이 효과를 추종하는 구매층은 다수의 소비자가 구매하는 제품을 꺼리는 구매심리도 포함되어 있다.
- 백노 효과 : 소비자가 제품을 구매할 때 자신은 타인과 다르다는 고유관념을 갖는 현상으로 무언가 고상한 듯 보이는 백로와 같다고 하여 유래되었고, 부유한 구매자의 차별성을 추구하는 경향이 있다. (Ex) VVIP만 구입하는 명품 브랜드는 별도로 있다.

(3) 헤도니스트 효과

자신을 행복하게 만드는 아름다움과 쾌락을 추구하는 헤도니즘(hedonism)에서 파생한 헤도니스트는 상품구매 시 가격과 성능 외에도 심미적이고 감성적인 가치를 우선 시 하는 소비자들의 소비 효과를 의미한다. 즉, 기능도 좋지만 제품이 예쁘고 아름다우면 구매할 확률이 높다는 것이다. 이러한 헤도니스트들은 제품의 디자인이나 미적 가치를 제품 구입의 중요한 결정 요인으로 간주한다.

(4) 퍼펙셔니스트 효과

제품 구매 시 '품질 가치'를 가장 최우선적으로 판단하는 기준이 된다는 소비 현상을 의미한다. 퍼펙셔니스트 효과를 추구하는 소비자는 제품의 가격은 그리 중요하지 않고 그보다는 해당 제품에 대한 본인의 주관적인 견해와 제품의 퀄리티가 높으면 고비용을 지출하더라도 그 제품을 구매하는 것이 더 중요하고 가치가 있다고 생각하는 일명 '퍼펙트함'을 추구하는 소비 효과를 뜻한다.

8 고객 요구의 변화

고객의 요구는 다양하게 변화된다. 상황과 경우에 따라서 마음이 변하는 것이 고객의 심리이다. 따라서 이를 잘 파악하여 고객만족도를 향상시키고 충성고객을 만드는 데 주력해야 할 것이다.

고객 요구의 변화

1	의식의 고급화	인적 서비스의 질 중요, 합당한 서비스 요구
2	의식의 복잡화	고객 유형 복잡화, 불만도 다양화
3	의식의 존중화	존중 심리에서 최고 대우를 선호함
4	의식의 대등화	고객의 입장에서 갈등을 해결
5	의식의 개인화	나만 특별대우 해주기를 원함

2. 고객서비스

1 고객서비스의 개념

고객서비스는 고객+서비스의 합성어로 고객확보 및 고객창출, 고객유지를 위한 중요한 마케팅 활동이며, 재화나 서비스 상품을 구입하는 고객에게 제공하는 서비스 전반을 의미한다. 다른 측면에서 고객서비스는 고객이 원하는 서비스를 받기 위해 비용을 지불하고 그에 해당하는 서비스를 받는 과정을 의미한다. 뷰티 분야에서는 헤어미용, 메이크업미용, 피부미용, 네일미용 등과 그와 관련된 세부적인 기타 서비스를 포함하게 된다.

고객은 구매한 서비스에 만족하게 되면 해당 서비스를 추후에 추가 구매를 하게 되고, 충성고객으로 연결될 수 있으며, 타인에게 구전으로 긍정적인 홍보가 가능한 유동적인 중요한 마케터가 될 수 있다. 따라서 한 번 찾은 고객에게 최선을 다하여 고객만족을 실현시키는 것이 중요하다.

2 서비스의 특성 4가지

서비스는 상황이나 경우에 따라서 다양성이 있으며, 대표적으로는 이질성, 소멸성, 무형성, 불가분성의 4가지 특징이 있다.

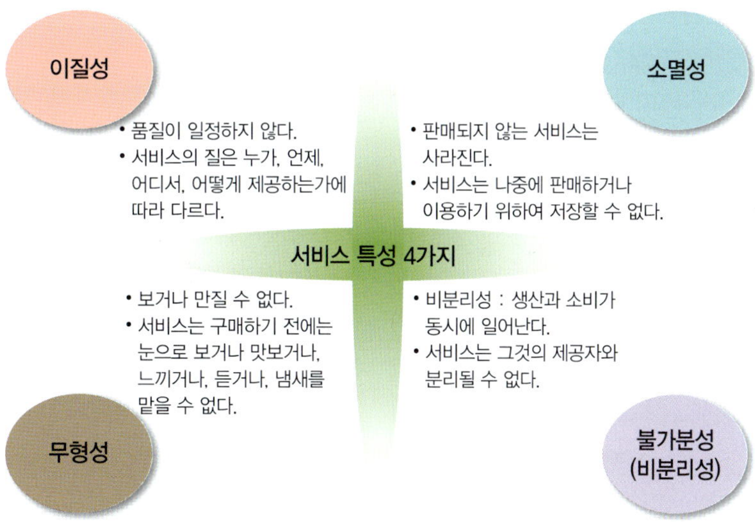

3 고객서비스의 구성요소

고객에게 제공할 서비스를 구성하는 요소는 다양하나 크게 서비스 상품, 서비스 전달, 서비스 환경의 3가지로 분류된다. 일례로 뷰티 분야의 헤어미용서비스의 경우 서비스 상품은 헤어미용의 다양한 메뉴를 의미하고, 서비스 전달은 헤어미용서비스를 전달하는 모든 과정을 의미한다. 서비스 환경은 서비스가 실제 진행되는 공간, 물품, 기자재, 인테리어, 주차공간 등이 포함된다.

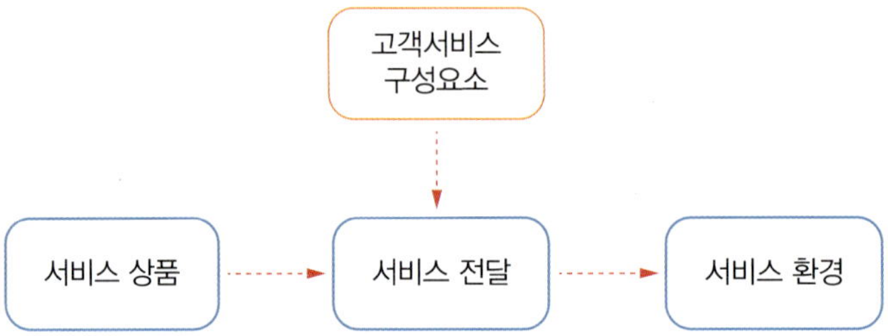

4 고객만족

고객만족은 고객이 제품이나 서비스 등을 구입하고 사용하면서 본인이 원하는 기대치와 구매결과가 일치하여 느끼는 만족감을 의미한다. 예를 들어, 뷰티서비스 분야에서는 뷰티숍의 다양한 서비스 품목을 구입하고 이용해 본 결과 고객이 체감하는 만족도를 고객만족도라고 한다. 고객만족도가 높을수록 고객은 추후 재방문 의사가 높아지게 되고, 이는 곧 충성고객이 되며, 구전 효과로 이어질 것이다. 하지만 고객만족도는 일부 특정 제품이나 서비스를 구매한 후 고객이 감정적으로 느끼는 만족감으로 객관적인 평가보다는 이용자의 주관적인 평가이고, 지속적이지도 못하고 일관성도 낮다.

주관적인 고객만족도는 순수하게 제품 또는 서비스에 대한 평가이기도 하지만, 접객한 담당자의 친절도, 즉 서비스 정도와도 관련이 있고, 기업 및 제품의 인지도 등 기타 여러 가지 여건이 복합적으로 작용하므로, 일단 대면서비스업 분야에서는 접객하는 담당자의 인성교육 및 서비스 마인드, 제품에 대한 전문지식 등을 충분히 숙지하여 고객응대에 최선을 다해야 할 것이다.

· 토론 및 메모 ·

· 나만의 고객관리법에 대해서 기술해 보세요.

· 고객서비스 만족도 향상 방안에 대해서 토론해 보세요.

5 고객서비스 만족도의 긍정적 요인

고객만족도를 향상시키기 위해서는 다방면에서 다양한 노력이 필요하다. 고객만족도가 향상되면 다음과 같은 긍정적인 요인들이 파생된다.

고객서비스 만족도의 긍정적 요인

1. **재구매**: 반복구매를 통한 매출 증대
2. **마케팅 비용 절감**: 구전효과 및 자발적 홍보
3. **가격 우위 효과**: 고가라도 믿고 재구매 및 재방문

고객서비스 만족도는 기업의 이미지는 물론 매출과도 직결되기에 매우 중요하다. 또한 경쟁시장이 글로벌화되어 우리나라뿐만이 아닌 전 세계적으로 제품을 구입할 수도 있기 때문에 기업 및 제품의 이미지를 긍정적으로 고착화시켜야 한다.

고객서비스 만족도가 중요한 이유

1. 경쟁시장의 글로벌화
2. 다양한 인터넷 매체의 발달
3. 소비자 중심주의 및 소비자 관련 법규의 강화
4. 각종 대중매체의 발달 및 선도
5. 서비스 무한 경쟁 시대의 발달

6 고객의 구매결정 프로세스

(1) AIDMA

전통적인 구매결정 프로세스는 주의, 관심, 욕구, 기억, 행동의 순으로 각 단어의 알파벳 약자를 인용하여 AIDMA라고 하며, 세부적인 프로세스 내용은 다음과 같다.

전통적 구매결정 프로세스 모델 AIDMA

주의(Attention)	고객의 주의를 끌어 제품을 인지 (새로운 제품(옷)이 출시되었네.)
관심(Interest)	제품에 대해 관심을 가지고 장단점을 인지 (이 옷은 나한테 잘 어울리겠는데.)
욕구(Desire)	상품/서비스의 장점을 통해 구매하고 싶은 욕구 생김 (그럼 저 옷을 사 입고 모임에 가야지.)
기억(Memory)	단순한 욕구에서 제품에 대한 기억으로 구매의사를 결정 (가격과 디자인을 다시 꼼꼼히 살펴보고 사야겠다. 낼 백화점 가 봐야지.)
행동(Action)	구매 욕구를 실행에 옮겨 실제 구매가 일어나는 단계 (이 디자인으로 55사이즈 주세요. 세상품 있죠?)

(2) 인터넷 구매결정 프로세스

사회가 급변하면서 고객의 니즈가 다양해지고, 각종 매체와 인터넷, 다양한 SNS 등이 발달하면서 고객들이 제품이나 서비스를 구매하는 과정이나 의사결정하는 과정이 변화되고 있다.

인터넷 구매결정 프로세스(AISAS)

(3) 현대적인 구매의사 결정과정

최근 현대인의 구매의사에 따른 결정과정은 다소 변화가 되었다. 먼저 제품이나 서비스를 구매하거나 이용해야겠다는 문제를 인식하고, 그와 관련된 다양한 정보를 탐색하며, 여러 가지 측면에서의 구매행동을 하기 위한 대안에 대해서 평가한 후 추후 구매를 하고, 구매 후 행동을 하게 된다.

고객의 구매의사 결정과정

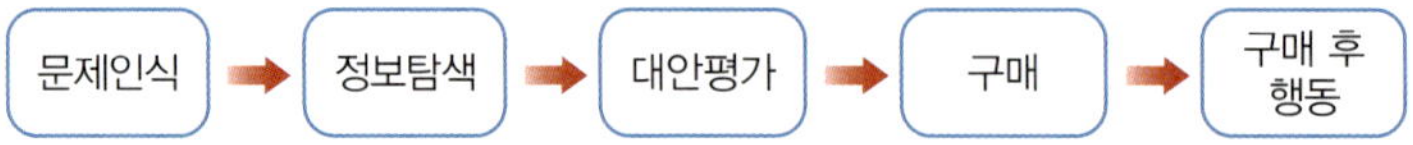

· 토론 및 메모 ·

· 나만의 제품구매 행동과 구매결정 프로세스에 대해서 토론해 보세요.

3. 고객상담 화법

1 고객상담의 중요성

고객상담은 기업의 종사자와 고객과의 첫 대면이자 거래의 첫걸음으로 주로 1 : 1로 소통하게 된다. 고객상담의 성공 여부에 따라서 제품의 구매활동은 물론 기업에 대한 호감도와 신뢰도가 높아지게 되고, 추후 고객의 유지와 충성도에 중요한 영향을 미친다.

최근 연구에 따르면 신규고객 확보에 드는 비용은 고객을 유지하는데 드는 비용보다 무려 5배의 비용이 더 든다고 하였고, 89%의 기업은 고객상담을 기준으로 하여 경쟁사와 여러 분야에서 경쟁을 하고 있다고 하였다.

비즈니스 성공 여부를 결정하는 고객상담의 기초 3가지

고객상담에 있어 제품 구매자와 판매자의 관계가 중요함
이 관계가 잘 형성되고 관리되어야 충성고객 및 고객유지가 가능

▼

최고의 고객상담을 제공하는 것이 기업성공의 비결
고객상담의 질을 높여야 브랜드 인지도가 높아지고,
이는 곧 비즈니스의 성공과 직결됨

▼

고객서비스 상담사와 시스템의 협업이 중요함
상담사와 고객간의 공감대 및 친근감 형성

2 고객상담 화법의 종류

(1) 쿠션 화법

말하기 어려운 말을 할 때 고객이 불쾌함을 느끼지 않게 미안함을 먼저 표현하는 화법을 의미한다. 이는 고객의 요구를 수용하기 어렵거나 고객에게 어떤 부탁을 해야 되는 경우에 최대한 기분이 상하지 않게 청유형으로 말을 하는 화법이다.

+ Keypoint

▶ 쿠션 화법의 사례

- 죄송하지만 자리를 옆 칸으로 이동해 주시겠어요?
- 번거로우시겠지만 신발을 벗고 들어오시겠어요?
- 괜찮으시다면 제가 다시 전화 드려도 될까요?
- 공교롭게도 안타깝게 되었습니다.
- 바쁘시겠지만 오늘까지 방문 부탁드립니다.

(2) 신뢰 화법

고객에게 신뢰감을 줄 수 있는 표현을 사용하는 화법으로 주로 말 어미에 정중함과 부드러움을 표현하게 된다. 화법으로는 부드러운 화법의 비율을 30%, 정중한 화법의 비율을 70% 정도 사용한다.

+ Keypoint

▶ 신뢰 화법의 사례

- 정중한 화법(다까체) : 안녕하십니까? 000입니다, 0000하시겠어요?
- 부드러운 화법(요조체) : 안녕하세요, 000하셔야죠, 000예요.

(3) 의뢰형 화법

전하고자 하는 말을 할 때 고객이 거부감이나 반발심이 들지 않게 말을 의뢰나 질문 형식으로 바꿔서 부드럽게 전달하는 화법을 말하며, 레이어드 화법이라고도 한다. 즉, 명령형을 의뢰형 + 질문형으로 변형해서 의향을 전달하는 화법이다.

+ Keypoint

▶ 의뢰형 화법의 사례

- 이쪽으로 오시겠어요?
- ○○ 좀 해주시겠습니까?
- ○○ 좀 부탁드려도 될까요?

(4) 아론슨 화법

부정과 긍정의 내용 중 부정을 먼저 말하고 긍정적인 언어로 대화를 마무리하는 화법을 의미한다.

+ Keypoint

▶ 아론슨 화법의 사례

- 그 옷은 예쁘기는 한데 가격이 비싸. → 그건 가격이 좀 비싸긴한데 확실히 이쁘긴하네.
- 그 뷰티숍은 실력은 좋은데 가격이 비싸. → 가격이 좀 비싸긴 한데 확실히 멋지고 맘에 들게 해줘서 좋아.

(5) 맞장구 화법

상대방에게 호감을 얻기 위해 상대방이 하는 이야기를 관심 있게 들으면서 반응하고 호응해 주는 화법을 의미한다.

+ Keypoint

▶ 맞장구 화법의 사례

- 가벼운 맞장구 : 저런, 속상하시겠어요.
- 동의 맞장구 : 과연, 정말 그렇겠어요, 에구, 그러네요.
- 정리 맞장구 : 그 말씀은 ~~이라는 것이지요?
- 재촉 맞장구 : 그래서 어떻게 됐어요?
- 몸짓 맞장구 : 고개를 끄덕끄덕, 눈맞춤, 갸우뚱거림

---

(6) 보상 화법

고객의 서비스 저항 요인을 다른 서비스의 강점으로 보완하여 해소하는 방법을 의미한다.

+ Keypoint

▶ 보상 화법의 사례

- 요즘은 코로나 때문에 여행을 못 가는데요? → 네, 맞습니다. 그렇기 때문에 이럴 때 여행하면 사람도 없고 더 좋습니다.

---

(7) 후광 화법

후광이란 어느 하나의 요소가 다른 요소에 긍정적인 영향을 미치는 것을 의미한다. 이 화법은 유명 인사나 긍정적인 자료를 제시하여 고객의 저항 요인을 감소시키고 신뢰를 높이는 화법이다.

+ Keypoint

▶ 후광 화법의 사례

- 이 옷은 연예인 000가 드라마에서 입어 화제가 되었습니다. 이게 요즘 저희 매장에서 최고 인기상품입니다.

---

(8) 부메랑 화법

고객에게 지적받은 회사 또는 제품 등의 특성을 오히려 회사의 높은 인지도와 서비스의 장점 또는 특징이라고 주장하는 화법을 말한다.

+ Keypoint

▶ 부메랑 화법의 사례

- ○○가 조건이 많이 까다로운 것이 우리 회사의 장점입니다. 하지만 철저히 하는 민금 제품의 퀄리디는 확실히 좋습니다.

---

(9) 긍정 화법

부정적 표현보다는 긍정적인 표현으로 바꾸고, 같은 내용도 긍정적인 부분을 강조해서 말하는 화법을 의미한다.

+ Keypoint

▶ 긍정 화법의 사례

- 기다리게 해서 죄송합니다. → 기다려 주셔서 감사합니다.

---

(10) 개방적 화법

대화를 진행하면서 상대방이 자연스럽게 말을 할 수 있도록 유도하고, 의향을 묻기도 하며 이야기를 많이 들을 수 있게 요령 있게 질문하는 화법을 의미한다. 네 또는 아니오의 단답식으로 할 수 있는 폐쇄형 질문이 아닌 상대방의 부담 없는 대답을 듣기 위한 질문법이다.

+ Keypoint

▶ 개방적 화법의 사례

- 식사하셨습니까? → 식사는 어떠셨어요?

---

(11) YA 화법(Yes-And)

상대방의 거절을 역이용하는 방식으로 고객이 거절한 이유 때문에 이렇게 하셔야 한다고 반증하는 화법을 의미한다.

+ Keypoint

▶ YA 화법의 사례

- Q : 원장님~ 저 잠시 외출 좀 해도 될까요?
- A : 네, 그러세요. 들어오면서 점심도 먹고 오세요.

---

(12) YB화법 (Yes-But)

일단 긍정하고 난 뒤 반대의견을 제시하는 방법으로 고객의 의견을 경청하고 공감한 후 다른 의견을 제시하는 화법이다.

+ Keypoint

▶ YB 화법의 사례

- Q : 원장님~ 저 잠시 외출 좀 해도 될까요?
- A : 네, 그러세요. 단 지금 하던 일은 마무리하고 갔다 오세요.

---

(13) I Message 화법

나 전달법이라고 하여 주어를 나로 하고, 그 느낌을 가지게 된 책임이 상대방에게 있지 않고 표현자인 자신에게 있다는 것을 전제로 하며 대화하는 화법이다.

+ Keypoint

▶ I Message 화법의 사례

- 나 전달법 : 출근을 빨리 잘 안 해서 걱정이구나.
- 2인칭 전달법 : 너는 왜 빨리 출근을 못하니?

(14) 청유형 화법

상대방이 나의 부탁을 듣고 스스로 결정한 후 부탁을 들어줄 수 있도록 의견을 구하는 화법을 의미한다.

+ Keypoint

▶ 청유형 화법의 사례

- 조금만 기다려 주세요. → 조금만 기다려 주시겠어요?
- 내일 같이 등산 가자. → 내일 같이 등산 갈래?

· 토론 및 메모 ·

· 다양한 상담 화법에 대해서 상호 실습해 보세요.

4. 블랙컨슈머 응대법

현대사회는 무수히 많은 사람들이 다양한 성향을 가진 사람들과 더불어 살고 있다. 상식적인 사람과 비상식적인 사람, 공손한 사람과 무례한 사람, 매너가 있는 사람과 매너가 없는 사람, 기본적인 에티켓을 준수하는 사람과 그렇지 못한 사람 등 각양각색의 개성과 가치관을 가진 사람들이 공존한다. 나와 가치관이 맞는 사람보다는 그렇지 못한 사람들이 많고, 이해불가의 불량고객, 즉 블랙컨슈머도 종종 볼 수 있다. 그렇기에 블랙컨슈머에 대한 전반적인 이해가 있으면 차후 발생할 수 있는 다양한 사례에 능숙하게 대처하고, 그들 또한 우리의 고객으로 연결할 수 있는 대처 스킬을 습득하는 것이 중요하다.

블랙컨슈머에 대한 정확한 정의는 부당한 이익을 취하기 위해 악성 민원을 고의적, 상습적으로 제기하는 소비자를 의미한다. 우리는 블랙컨슈머를 이해하기 전에 먼저 클레임과 컴플레인에 대해서 그 개념과 특성을 이해하는 것이 중요하다.

1 클레임과 컴플레인

(1) 클레임

클레임(Claim)의 사전적인 의미는 일반 무역 거래에서 수량, 품질, 포장 따위에 계약 위반 사항이 있는 경우 판매업자에게 손해배상을 청구하거나 이의를 제기하는 것을 의미한다. 즉, 제 3자의 입장에서 보아도 어떤 객관적인 하자에 대해서 제기하는 불만사항을 말한다.

(2) 컴플레인

컴플레인(Complain)의 의미를 국어사전(네이버 국어사전)에서 살펴보면, 고객이 상품의 질이나 서비스 따위에 불만족하여 제기하는 불평으로, 이것은 고객의 객관적인 평가보다는 주관적인 평가이므로 이에 대한 제기로 서비스종사자와 고객 간의 의견이 불일치되는 경우가 많다.

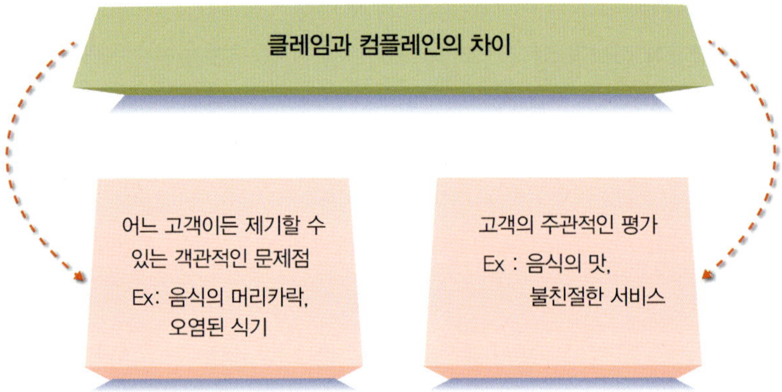

2 블랙컨슈머 관리의 중요성

불만고객 또는 진상고객이라고도 표현하는 블랙컨슈머는 통상적으로 1명이 예비고객 20명에게 부정적인 영향을 미치는 경우가 많다. 클레임이나 컴플레인을 제시한 고객에게 충분한 서비스와 보상 등이 해결되면 그 사람은 해당 기업에 충성고객이 될 확률이 높다. 그렇기에 99명의 일반고객보다는 1명의 블랙컨슈머의 영향력이 더 크다는 사실을 명심해야 한다.

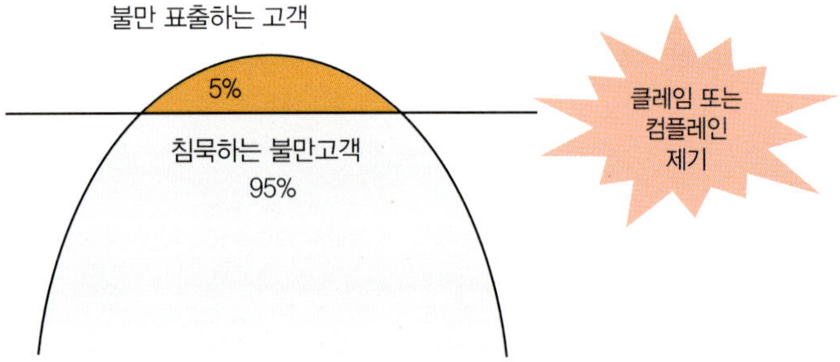

블랙컨슈머의 불만을 처리하기 위해서는 다음과 같은 5단계의 과정이 필요하고, 이 내용을 적용하여 매 단계마다 고객의 입장에서 정성과 최선을 다하는 것이 중요하다.

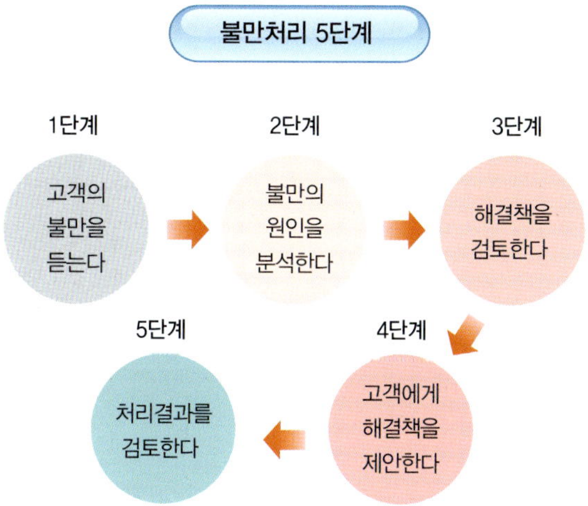

3 블랙컨슈머의 종류

(1) 생떼, 억지형

구매한 제품 또는 받은 서비스에 대해 불만을 제시하는 경우 정신적 피해보상이나 매장 직원의 해고, 지나친 공개 사과 등의 과도한 보상이나 요구를 하는 유형의 소비자를 의미한다.

(2) 무례한 언행형

폭행, 폭언 등의 욕설이나 반말, 훈계조의 말투로 시설이나 기물을 파손하고, 심지어는 직원의 상담업무를 방해하며, 심각한 경우는 담당자를 폭행하기도 하는 유형을 말한다.

+ Keypoint

생떼, 억지형과 무례한 언행형의 대처법

이유없는 무례한 폭행과 폭언이라면 매장 내 CCTV가 설치되어 있음을 고객에게 알리고, 폭언이나 욕설을 하는 통화 내용도 녹음하고 있음을 고객에게 공지하는 것이 필수이다. 그 과정을 거친 후 녹음하여 증거를 확보하는 것이 중요하고, 목격자가 있는지를 파악하는 것이 중요하다.

(3) 환불, 반품 요구형

블랙컨슈머 유형 중 가장 흔하게 볼 수 있는 타입으로 제품에 특별한 하자나 파손 등이 없음에도 불구하고 무조건 환불 또는 반품을 요구하는 유형을 뜻한다.

+ Keypoint

▶ 대처법

제품의 하자 또는 서비스에 대한 불만 요인을 철저히 조사한다. 납득할 수 있는 클레임이면 투명한 처리과정을 통해 적절한 보상체계를 마련하는 것이 좋다.

---

(4) 공갈협박형

자신에게 불리한 말은 하지 않고 자제하면서 사용한 제품을 미사용 제품이라고 하며 환불 요청과 같이 거짓말을 하는 유형을 의미한다.

+ Keypoint

▶ 대처법

회사의 정책 및 상품 페이지에 환불 또는 교환에 대한 약관을 상세하게 기술하고, 그 내용을 고객에게 해당되는 요건이 있는지를 상기시킬 필요가 있다.

---

(5) 스토커형

특별한 요구사항 없이 본인이 불만족한 경험에 대해서 집요하게 회사의 모든 일에 대해서 간섭하고 업체를 괴롭히는 유형이다.

(6) 소송형

거두절미하고 무조건 소송이 최고인양 소송을 제기하고, 언론에 고소, 고발하겠다고 협박하는 유형으로, 부당한 금전적 보상을 요구하는 동시에 사업자와 뒷거래를 유도하는 타입이다. 본인의 제안이 불수용일 때는 정신적인 피해보상까지 요구하는 경우도 있다.

+ Keypoint

▶ 스토커형과 소송형의 대처법

블랙컨슈머의 의도나 목적을 먼저 파악한 후 보상이나 환불을 요구하는 경우는 자신의 책임이나 권한을 사전에 고지하는 것이 좋다. 대답은 가급적 간단명료하게 짧게 하고, 객관적인 사실에 입각하되, 정중한 태도를 잃지 않는다.

(7) 전문가형

전문적인 지식을 바탕으로 불만을 제기하는 유형이다. 이러한 유형은 제품 또는 서비스에 대한 불만을 제기하기 위해 사전에 클레임과 컴플레인에 대한 요소를 충분히 학습한 타입이다.

+ Keypoint

▶ 대처법

당황하기보다는 고객의 지식과 능력에 대해서 칭찬과 일부 인정을 해주고 친밀감을 형성하는 것이 좋다. 오히려 정면으로 반박하다면 되려 처리자 본인의 의견만을 상대방에게 밀어붙일 수 있으니 상대의 전문지식으로 이 문제를 어떻게 해결 가능한지를 반문하여 상대가 스스로 문제를 해결할 수 있는 개선 방안을 제안하도록 유도하는 것을 추천한다.

(8) 화풀이형

단순히 화풀이를 하며 빈정거리는 사람들의 유형으로, 이 경우는 제품의 하자보다는 서비스에 대한 문제를 불쾌감으로 제시하는 경우가 많다.

+ Keypoint

▶ **대처법**

상대방과 대화 시 대화의 주도권을 빼앗긴 채 사과만 하는 경우가 많다. 이렇게 하다 보면 대화의 초점이 흐려져 문제해결이 어려워지는데, 클레임 또는 컴플레인의 사유가 무엇인지를 확실히 인지하고 그에 대한 문제를 해결하는 것이 중요하다.

이런 유형은 개인의 인적사항을 남기는 것을 매우 민감하게 생각하는 케이스로, 차후 불편사항에 대한 조치의 명목으로 인적사항을 남겨줄 것을 정중히 요청하면 상대의 불만을 조금 진정시키는 효과가 있다.

(9) 우유부단형

자신을 위해 상대가 의사결정을 내려주기를 원하는 유형이 많다. 분명히 불만은 있는데 구체적으로 어떤 것이 불만인지 일목요연하게 제시하지 못하고 이것저것 두루뭉술하게 불만을 제시하는 타입이다.

+ Keypoint

▶ **대처법**

우유부단한 성격으로 본인의 의사를 정확하게 제시하지 못하기 때문에 적절한 질문으로 고객 스스로 자신이 원하는 보상이나 생각을 표현할 수 있도록 유도해야 한다.

장시간 불만이 되풀이되는 고객은 공식적이고 객관적인 무책임한 표현보다는 고객의 입장에서 공감해주는 태도가 좋으며, 제시한 불만 내용을 요약하여 확실한 결론을 제시하고 문제를 해결해 주는 것이 좋다.

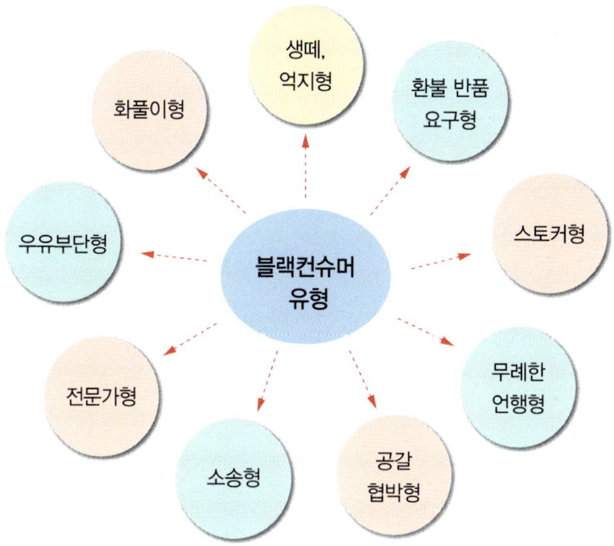

· 토론 및 메모 ·

· 나만의 블랙컨슈머 응대법에 대해서 토론해 보세요.

4 블랙컨슈머 응대 절차와 주의사항

(1) 응대 절차

블랙컨슈머를 응대할 때는 다음과 같은 절차에 따라 응대하는 것이 더 이상의 불만을 야기하지 않고 줄어들게 하며, 신속 정확한 불만 처리를 하는 데 도움이 된다.

블랙컨슈머 응대 절차

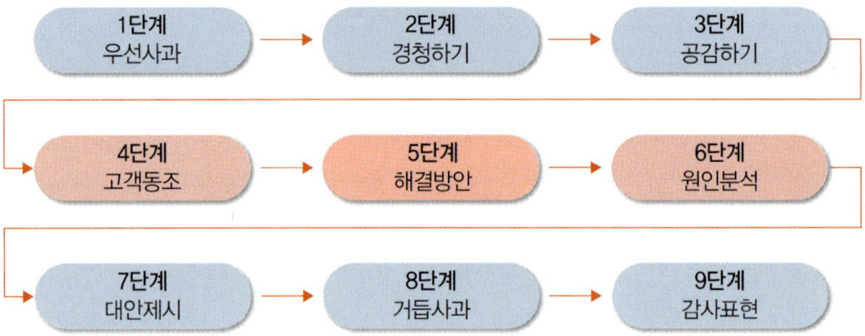

(2) 응대 시 주의사항

'말 한 마디에 천 냥 빚을 갚는다'는 속담이 있듯이 불만이 가득한 고객에게 어떤 화법으로 어떤 표현을 하느냐에 따라 분쟁의 상황과 결과가 결정된다고 해도 과언이 아니다. 따라서 다음과 같은 사항을 숙지하여 불만고객 응대에 최선을 다할 수 있도록 숙지하는 것이 좋다.

블랙컨슈머 응대 시 주의사항

1	최초의 응대가 가장 중요 – 먼저 고객의 불만에 대하여 "죄송합니다."
2	고객의 불만을 경청 – 중간에 말 가로채지 않기
3	고객이 원하는 것이 무엇인지를 정확히 파악하기
4	고객과 말다툼이 될 소지가 있거나 이미 화나 있는 고객의 경우 – 차분한 톤으로 상대방의 감정이 가라앉도록 함
5	끝까지 거절해야 할 경우에는 직접적인 표현 삼가 – 우회적인 말을 사용하여 감정의 대립을 완화하기 (Ex : 즉 "안됩니다." 대신 "죄송합니다.")
6	고객 불만을 적극적으로 해결하려는 노력 – 고객의 입장에서 문제 해결을 위해 최대한 노력하기
7	언쟁을 피하라 – 지든 이 기든 회사의 이미지는 실추됨

5 블랙컨슈머 응대 요령

클레임과 컴플레인의 효과적인 처리를 위해서는 일반적인 '3변주의 법칙'으로 다음과 같이 3가지의 변화를 준다는 것이다.

첫째, 불만고객을 야기한 실무담당자를 직급이 높은 상급자로 교체한다. 이는 불만고객에게 당신을 존중하고 인정한다는 의도로 비춰지며, 이로 인해 기업에 대한 신뢰가 생겨 일처리에 긍정적인 효과를 줄 수 있다.

둘째, 장소를 새로운 환경으로 바꾼다. 사람의 심리가 장소가 바뀌면 기존의 감정, 즉 불만을 가졌던 감정이 다소 누그러지고, 기업이 자신이 제기한 불만을 해결하려고 노력한다는 의미로 받아들여져 불만을 처리하는 데 좋은 효과를 줄 수 있다.

셋째, 불만고객이 불만을 제시했을 때 즉시 답변하지 말고 변명은 하지 않으며, 시간적인 여유를 두고 냉각기간을 가지는 것이 좋다. '참을 인(忍)자 셋이면 살인도 면한다'는 속담이 있듯이 시간이 경과되고 일정 시간이 지나면 사람의 감정은 점차 안정되기 마련이다. 이럴 때 정성을 담은 음료를 제공함으로써 고객의 마음을 안정화시키는 것이 중요하다.

3변주의 법칙

1. 사람을 바꾼다(처리 : 실무자 → 상급자)
2. 장소를 바꾼다(새로운 환경 – 긍정 효과)
3. 시간을 바꾼다(냉각기간 – 감정의 진정 효과)

(1) 불만고객의 성격유형별 처리법

① 성급한 고객 : 신속하고 정확한 일처리가 우선이고, 고객과 대화 시 신뢰감 가는 명쾌한 말투와 일처리 중간 고객이 지루함을 느끼지 않도록 칭찬과 사과를 일부 곁들이면서 다독거리는 것이 중요하다.

② 무리한 요구의 고객 : 고객이 다소 무리한 것을 요구하는 경우 무조건 '안 됩니다'의 부정적인 답변보다는 고객의 입장을 이해하고 있음을 명기시켜 주고 납득할 수 있도록 차근차근 설명하는 것이 좋다.

③ 뽐내는 고객 : 남에게 인정받고 싶은 순수한 마음이 있는 고객이므로 자랑하고 뽐내는 것에 대해 인정해주고 다독이며, 맞장구 화법을 이용하면 문제가 의외로 쉽게 풀리는 경향이 있다.

④ 목소리가 큰 고객 : 실무담당자는 고객과 대화 시 안정감 있고 차분한 목소리, 신뢰감 있는 중저음의 어조로 말하는 것이 좋다. 이러한 방법은 큰 목소리의 고객이 본인의 목소리가 경우에 맞지 않게 크다는 것을 깨닫고 목소리가 차분해지면서 일이 해결되는 경우가 많다.

⑤ 과장하거나 가정 말투의 고객 : 고객의 불만의도를 잘 파악하고 설득보다는 객관적인 사실에 입각하여 응대하는 것이 좋다. 정면으로 대립하면 되레 반감을 살 수 있으므로 우회적으로 접근하는 우회화법을 적용하는 것을 추천한다.

⑥ 불평이 많은 고객 : 고객이 하는 말에 맞장구를 쳐주고 논리적인 근거로 차분하게 설득시키고 다독거리며 이해시키는 것이 중요하다.

· 토론 및 메모 ·

· 다양한 블랙컨슈머의 사례에 대해서 토론해 보세요.

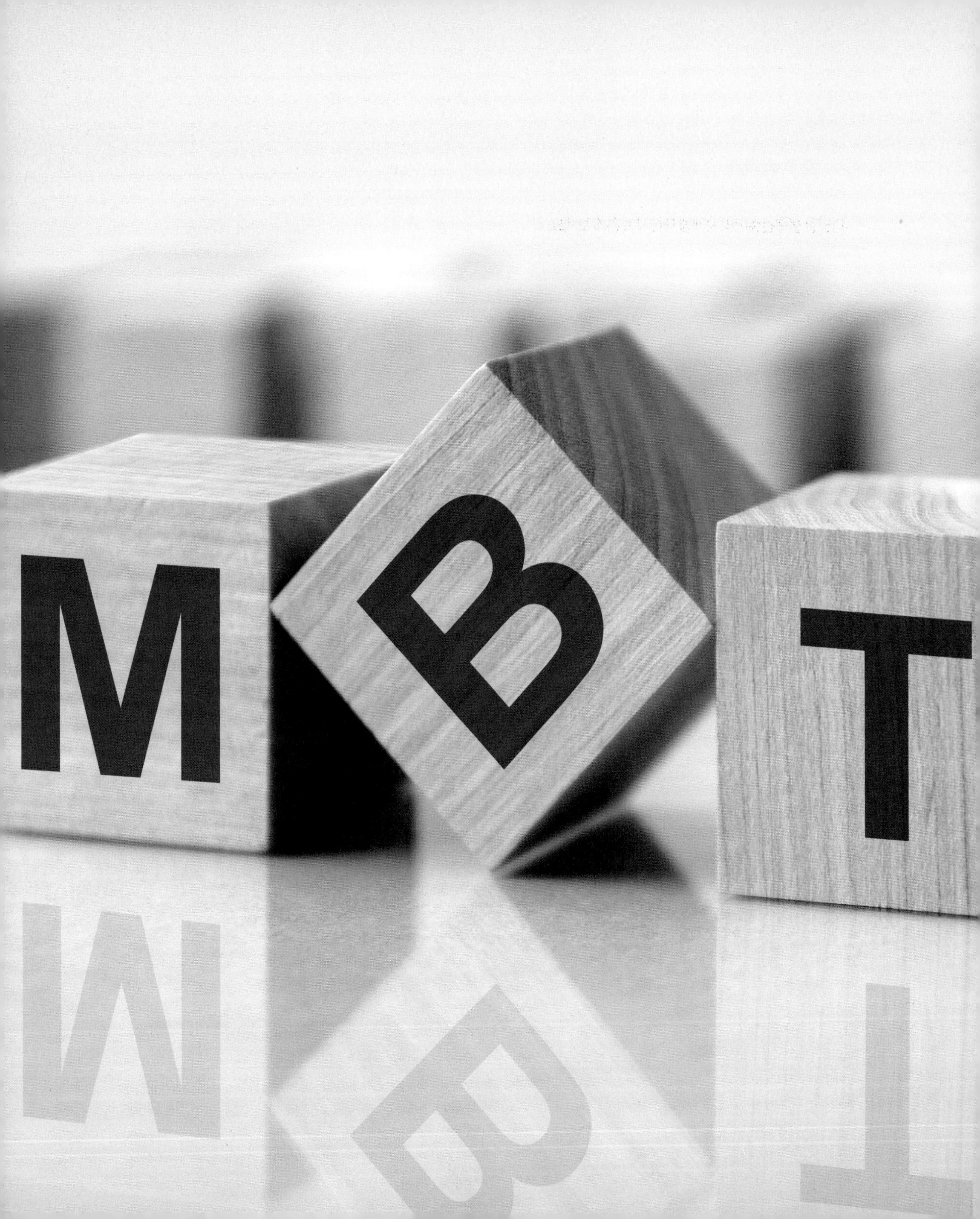
M
B
T

Chapter 04

고객심리유형의 이해

1. 성격유형검사 MBTI
2. 성격유형검사 DISC
3. 성격유형검사 에니어그램

1. 성격유형검사 MBTI

사람은 저마다 타고난 외형이 각각 다르듯이 성격과 성향도 각양각색이다. 요즘 개인의 이미지를 파악하기 위해 성격유형검사를 이용하는 경우가 많은데, 일례로 MBTI를 들 수 있다. 개인의 성향을 검사한 MBTI에 대해서 알아보기 전에 먼저 우리가 유사하게 혼용하고 있는 성격이나 성향에 대해서 차이점을 알아보면 다음과 같다.

1 MBTI의 이해

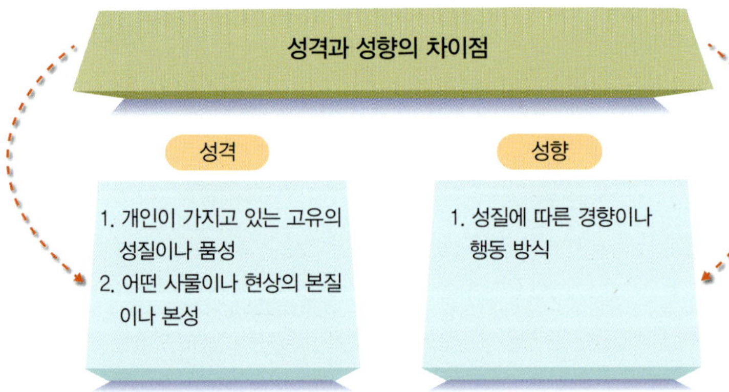

즉, 고객의 행동유형을 파악하고 이해하기 위해서는 개인의 성격이나 성질, 품성, 본질 등을 먼저 분석한 후, 그 결과에 따른 행동을 분석하는 것이 고객 성향 분석

(1) MBTI의 개념

MBTI는 작가 캐서린 쿡(Katharine C. Briggs)과 그의 딸 이자벨 브릭스 마이어스(Isabel Briggs Myers)가 카를 융의 분석심리학을 근거로 하여 개발한 성격유형 선호지표이다. MBTI의 용어는 마이어스(Myers)의 M, 브릭스(Briggs)의 B, 유형 지표(Type Indicator)의 T와 I를 조합한 용어이다.

(2) MBTI의 유래

MBTI의 성격유형 선호지표의 개발은 1944년 제 2차 세계대전 때 징병제에서 유래되었다. 전쟁이 시작되면서 남자들은 전쟁터로 차출되고, 징병제로 인해 필요한 인력과 군수 공급 물자를 제공하는 인력 부족으로 여성들까지 차출되었는데, 다양한 여성들의 성향을 파악하여 적합한 업무 배치에 도움이 되기 위한 목적으로 개발되었다. 이러한 계기로 현재 MBTI는 개인의 성향을 파악하기 위한 가장 대표적인 검사로 자리 잡게 되었고, 이를 활용하여 기업에서는 면접, 직무, 취업, 성격테스트 등의 인성검사 목적으로 다양하게 활용하고 있다.

(3) MBTI 성향 구분

MBTI는 각 개인의 기질과 성향을 4가지의 양극적 선호 경향 중 하나의 범주를 판단하는 것이다. 예를 들어, 외향형-내향형, 감각형-직관형, 사고형-감정형, 판단형-인식형으로 구분하고 있다. 최근 개인의 성격유형을 파악할 때 MBTI, DISC, 에니어그램 등을 활용하기도 하며, 이는 조직 및 단체생활에서 개인을 판단할 때 성향과 기질을 파악하여 직무배치, 취업 및 진로설정 등에 도움을 주는 요소이다.

MBTI 성향 구분 방법은 MBTI의 4가지 양극적 성격유형을 I(내향형), S(감각형), N(직관형), T(사고형), J(판단형), P(인식형)의 8가지로 구분하여 최종적으로 16가지의 성격유형으로 구분하는 방식이다.

① 외향형(E)과 내향형(I)

주의 초점 – 에너지의 방향

선호지표	외향형(Extraversion)	내향형(Introversion)
설명	폭넓은 대인과계를 유지하고 사교적이며 정열적이고 활동적이다.	깊이 있는 대인관계를 유지하며 조용하고 신중하며, 이해한 다음에 경험한다.
대표적 표현	자기 외부에 주의집중 외부 활동과 적극성, 정열적, 활동적 말보다는 행동으로 먼저 표현함	자기 내부에 주의집중 내부 활동과 집중력 있고, 조용하고 신중함 행동보다는 글로 표현함 내용을 이해한 다음에 서서히 행동함

출처: 한국 MBTI 연구소

② 감각형(S)과 직관형(N)

인식기능 – 사람이나 사물을 인식하는 방식

선호지표	감각형(Sensing)	직관형(Intuition)
설명	이성보다는 오감에 의존하여 실제의 경험을 중시하며, 지금, 현재에 초점을 맞추고 정확, 철저히 일처리한다.	육감 내지 영감에 의존하며, 미래지향적이고 가능성과 의미를 추구하며 신속, 비약적으로 일처리한다.
대표적 표현	지금, 현재에 초점 실제의 경험 정확, 철저한 일처리 사실적 사건묘사, 나무를 보려는 경향 가꾸고 추수함	미래 가능성에 초점 아이디어 신속 비약적인 일처리 비유적, 암시적 묘사, 숲을 보려는 경향 씨뿌림

출처: 한국 MBTI 연구소

③ 사고형(T)과 감정형(F)

판단기능 – 판단의 근거

선호지표	사고형(Thinking)	감정형(Feeling)
설명	진실과 사실에 주 관심을 갖고 논리적이고, 분석적이며, 객관적으로 판단한다.	사람과의 관계에 주 관심을 갖고 상황적이며, 정상을 참작한 설명을 한다.
대표적 표현	진실, 사실에 주 관심 원리와 원칙 논거, 분석적 맞다, 틀리다 규범, 기준 중시 지적 논평	사람, 관계에 주 관심 의미와 영향 상황적, 포괄적 좋다, 나쁘다 나에게 주는 의미 중시 우호적 협조

출처: 한국 MBTI 연구소

④ 판단형(J)과 인식형(P)

생활양식 – 선호하는 삶의 패턴

선호지표	판단형(Judging)	인식형(Perceiving)
설명	분명한 목적과 방향이 있으며 기한을 엄수하고 철저히 사전계획하고 체계적이다.	목적과 방향은 변화 가능하고 상황에 따라 일정이 달라지며, 자율적이고 융통성이 있다.
대표적 표현	정리 정돈과 계획 의지적 추진 신속한 결론 통제와 조정 분명한 목적의식과 방향감각 뚜렷한 기준과 자기 의사	상황에 맞추는 개방성 이해로 수용 유유자적한 과정 융통과 적응 목적과 방향은 변화할 수 있다는 개방성 재량에 따라 처리될 수 있는 포용성

출처: 한국 MBTI 연구소

(4) MBTI 검사 시 유의사항

① 설문문항을 깊게 생각하지 말고 단순하게 생각하여 체크한다.

② 가급적이면 중립을 선택하지 않아야 보다 정확한 결과를 얻는다.

③ 검사결과 한쪽 성향이 도출되어도 다른 반대의 성향이 없는 것은 아니다.

④ 사람은 누구나 8가지 특성을 조금씩 가지고 있고(외향-내향, 감각-직관, 사고-감정, 판단-인식), 검사 결과 어떤 성향이 더 높게 도출되는지에 따라 본인의 성향이 결정된다.

2 MBTI 검사 활용사례

'지피지기면 백전백승'이라는 속담이 있듯이 그 사람의 성격과 성향을 판단하는 것은 싸움에서 이길 수 있다는 것, 즉 이를 마케팅 측면에서 해석하면 고객의 마음을 이해하고 고객의 심리를 파악하여 접근하면 성공적인 마케팅을 할 수 있다는 것을 의미한다. MBTI는 단순하게 사람의 성격유형 파악을 위해서만 활용되는 것이 아닌 직업에서 직무배치, 취업과 진로 설정 시 나의 성격유형을 파악한 후 선택하는 것이 좋으며, 이성과의 교제 및 결혼, 사업적인 부분의 비즈니스 파트너를 선정하는 것 등에도 적용하면 보다 성공적인 결과를 얻을 수 있을 것이다.

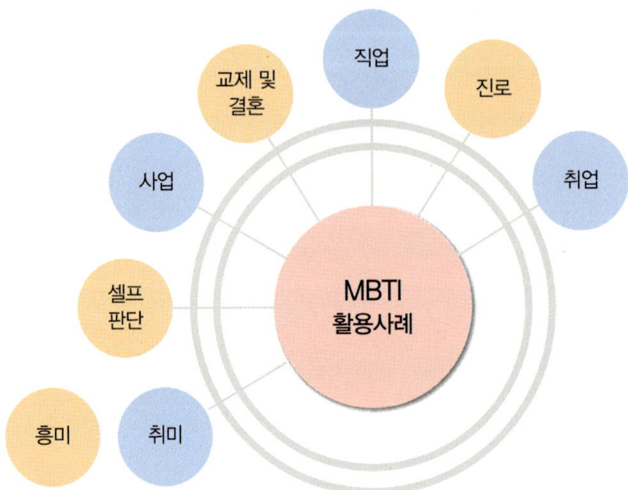

· 토론 및 메모 ·

· 본인의 MBTI 성향검사를 해보세요.

2. 성격유형검사 DISC

인간의 기질과 천성은 개인의 삶 전반에 나타나는 내적 특성을 의미하고, 행동유형은 개인이 살아온 다양한 환경에 따라서 어떤 성격이 형성되었는지를 알아봄으로써 사회생활 및 조직생활 등에서 어떻게 적응하는지를 파악할 수 있는 검사이다. 인간은 살면서 다양한 경험을 하게 되고, 지속적인 교육을 통해 자신만의 독특한 성향이 스스로 고착하게 된다. 개인의 성격유형을 검사하기 위한 다양한 방법으로 MBTI, 에니어그램과 유사한 디스크(DISC) 진단에 대해서 알아보기로 한다.

1 DISC의 개념

DISC는 인간의 행동유형은 변화무쌍하여 비교적 오랜 시간에 걸쳐 반복적으로 학습된 결과이기에 일정한 경향성을 가지고 반복적으로 나타나는 행동의 변화를 의미한다. 행동은 외형적으로 그 사람의 마음가짐과 행동 방식이 표현되는 것이고, 이것은 내면의 생각, 감정, 태도 등에 따라 행동이 변할 수 있다.

DISC 행동유형은 1928년 미국 소재 콜롬비아 대학 심리학 교수인 윌리엄 몰턴 마스턴(Wiliam Moulton Marston) 박사에 의해 처음 개발되었다. 그의 연구에 따르면 인간은 태어나고 성장하면서 각자 나름대로의 외부 동기에 따라서 행동패턴 또는 행동스타일이 변한다고 하였다.

DISC의 개념을 살펴보면, 인간은 저마다의 독특한 성향이 있고, 이를 반영한 행동유형의 특성을 속도, 우선순위, 환경, 내적 에너지의 4가지를 기준으로 하였다. 세부적으로는 주도형(Dominance), 사교형(Influence), 안정형(Steadiness), 신중형(Conscientious)으로 구분하였고, 이것을 인간행동유형검사인 DISC라고 하였다.

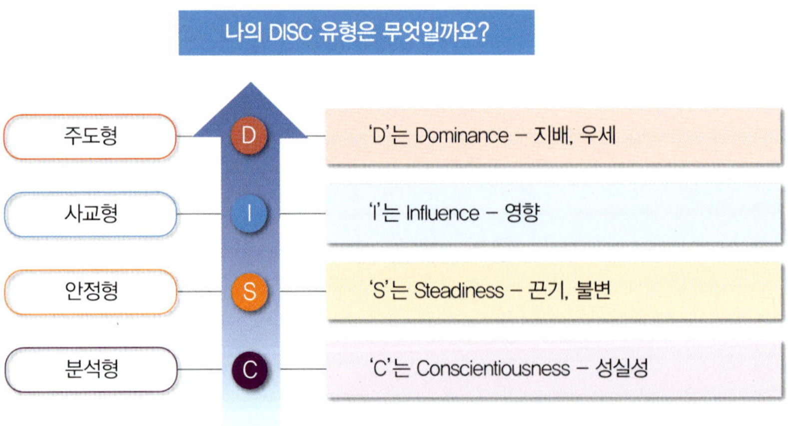

2 DISC 유형별 특징

(1) 주도형(D)

과업을 중시하고, 이에 대한 결과를 성취하기 위해 장애를 극복함으로써 스스로 환경을 조성하는 유형이다. 이 유형의 특징은 능력을 중시하고, 의사결정을 빠르게 내리며, 결과 또한 빠르게 얻는다. 도전적이고, 기존의 상태에 대한 문제를 제기하고, 지도력을 발휘하며, 어려운 문제를 처리하는 해결능력이 뛰어나다.

(2) 사교형(I)

사람을 중시하고, 타인을 설득하거나 영향을 미침으로써 스스로 환경을 조성하는 성격 유형이다. 이 유형의 특징은 사람들과 교류하는 것을 좋아하고 호의적인 인상을 주며 말솜씨가 좋다. 또한 다른 사람의 동기를 유발시키고 열정적이며 사람들을 즐겁게 하는 분위기메이커의 역할을 한다. 사람과 상황에 대해서 낙관적이고 그룹활동, 즉 단체활동을 좋아하고, 가장 싫어하는 것은 외톨이가 되는 것이다.

(3) 안전형(S)

사람을 중시하고, 과업을 수행하기 위해서 타인과 협력하는 성향이다. 항상 예측 가능하고 일관성 있게 일을 안정적으로 수행하고, 인내심이 좋으며, 타인을 돕고 지원하는 아량이 있다. 회사에 대해 충성심이 있고, 타인의 의견에 귀 기울일 줄 알며, 상담능력이 뛰어나고, 안정, 안전, 조화를 추구하는 특성이 있다.

(4) 신중형(C)

과업을 중시하고, 업무의 품질과 정확성을 높이기 위해 신중하고 철저한 성향이다. 업무수행 시 철저하게 분석하고, 신중한 사고와 판단으로 일처리를 체계적이고 꼼꼼하게 처리하며, 타인과의 갈등 발생 시 직진보다는 우회적으로 접근하여 논쟁을 피하고 가장 현명한 결과를 도출할 수 있는 특성이 있다.

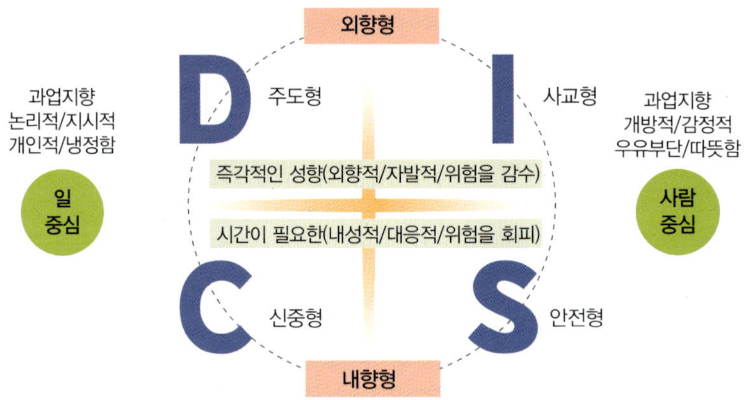

성격유형별로 이동수단을 알아보면 주도형(D)은 와일드하고 터프하며 힘이 있는 승합차를 선호하고, 사교형(I)은 삶의 재미와 흥미, 힐링, 여유, 낭만을 추구하는 스포츠카를 선택한다. 안전형(S)은 자가용보다는 안전한 대중교통을 이용하며, 신중형(C)은 어떤 이동수단을 선택할지를 계속 고민만 하는 유형이라고 해석할 수 있다.

[그림 4-1] DISC 성격유병별 특징 (예 이동수단)

DISC 성격유형별 성향을 살펴보면, D(주도형)는 'What', 즉 무엇을 하는지가 중요하고, I(사교형)는 'Who',즉 누구와 하는 것이 중요하다. S(안전형)는 'Why', 즉 왜 하는지가 중요하고, C(신중형)는 'How' 어떻게 하는지가 중요한 유형이다. 따라서 고객을 대상으로 마케팅을 하는 경우 고객의 성격유형을 먼저 파악한 후 우려하고 염려하는 부분을 제거하고, 신뢰와 믿음을 주는 것이 성공적인 마케팅에 긍정적인 영향을 미칠 것이다.

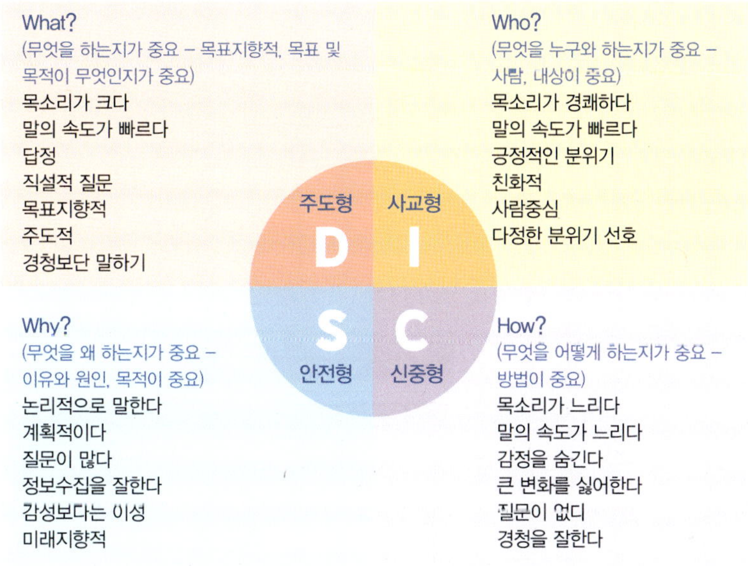

3 DISC 성격유형 검사 방법

DISC 유형을 알아보기 위한 검사 방법은 성향을 파악하는 설문문항을 통해 진단이 가능하다. 진단 방법은 4개씩 키워드를 묶은 각 10개의 그룹이 있고, 본인이 해당하는 부분에 숫자를 기입하는데, 본인의 성향과 가장 유사하다고 생각되는 문항에 4, 3, 2, 1의 순서로 숫자를 기록한다.

세부적으로 첫 번째 줄의 문항박스와 두 번째 줄의 문항박스의 숫자를 합산해서 해당 결과지에 순서대로 기입하면 되고, 기입한 숫자의 결과치가 가장 높은 성향이 나의 DISC 유형이 되는 것이다.

DISC 유형 진단지

해당 문항-4,3,2,1 기재

낙천적인 ( )	온건한 ( )	개척하는 ( )	공손한 ( )	유쾌한 ( )
참을성 있는( )	모험심 있는( )	진실한 ( )	유쾌한 ( )	사려깊은 ( )
결의가 굳은( )	꼼꼼한 ( )	정확한 ( )	의욕적인 ( )	양보하는 ( )
객관적인 ( )	즐거움 추구( )	활기찬 ( )	침착한 ( )	용감한 ( )

호의적인 ( )	부드러운 ( )	성취, 달성 ( )	조심성 있는( )	외향적인 ( )
격려하는 ( )	독립심 있는( )	조화, 사랑 ( )	다정한 ( )	공평한 ( )
설득력 있는( )	내성적인 ( )	안정, 독립 ( )	주도적인 ( )	협조적인 ( )
따지는 ( )	사교적인 ( )	인정, 칭찬 ( )	생각 깊은 ( )	자주적인 ( )

I	S	D	S	I
S	D	S	I	C
D	C	C	D	S
C	I	I	C	D

D =	I =	S =	C =	Total : 100점

[그림 4-2] DISC 유형 진단지

DISC 유형 진단결과

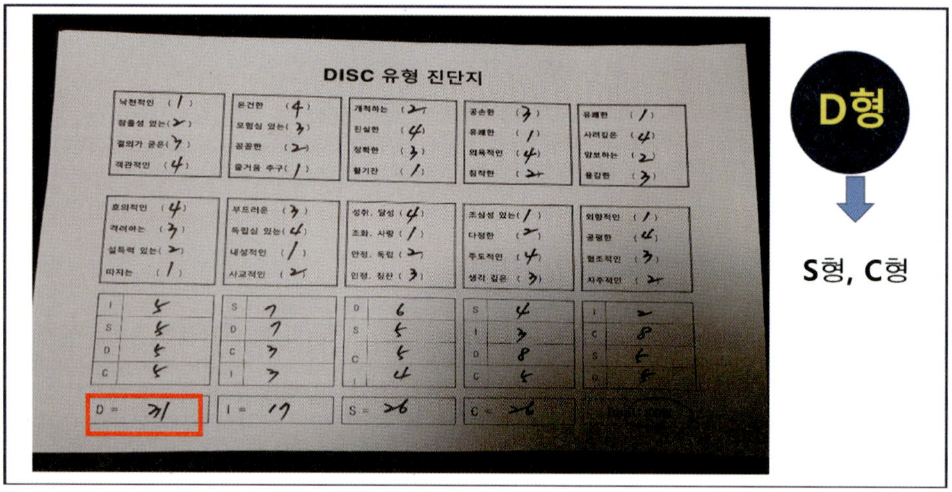

[그림 4-3] DISC 유형 진단결과

4 DISC 성격유형별 어울리는 직업

직업이란 생계를 유지하기 위해 자신의 적성과 능력, 성향 등을 반영하여 장기간 동안 동일한 일을 하는 것을 의미한다. 본인이 좋아하는 일과 본인이 잘 하는 일은 다르고, 본인이 좋아하고 잘 하는 일을 한다는 것은 행복한 삶이다.

DISC 성격유형을 알아보고 본인에게 어울리는 직업을 선택하는 것은 삶에 대한 질이 높아지고, 장기적으로 할 수 있는 천직일 것이다. 따라서 본인의 성격유형을 잘 반영한 직업을 선택하는 것이 중요하다.

먼저 주도형인 D는 일에 대한 지향적인 성격으로 회사의 CEO, 리더, 감독자, 개척자가 적합하고, 사교형인 I는 사교적인 성향으로 협상가, 상담사, 격려하는 사회봉사자, 마케터 등의 직업을 선택하는 것이 좋다. 안전을 추구하는 S형은 사교형인 I와 신중형인 C의 복합성향으로 설득하는 직업인 상담사, 협상가 등의 직업이 좋고, 신중형인 C형은 일에 대한 분석, 사리분별력이 좋고, 타인에게 신뢰와 믿음을 줄 수 있는 직업, 사실과 정확한 정보를 전달하는 교육자, 방송인, 언론인 등이 본인의 적성에 잘 맞는다고 할 수 있다.

DISC 성격유형별 어울리는 직업

D–주도형	CEO, 리더, 감독자, 개척자
I–사교형	상남사, 협상가, 격려형
S–안전형	설득형, 상담사, 협상가
C–신중형	분석가, 협력가, 교육자, 방송인, 언론인

· 토론 및 메모 ·

· 본인의 DISC 성향 검사를 해보세요.

3. 성격유형검사 에니어그램(Enneagram)

우리는 수많은 사람들과 소통하고 교류하면서 삶을 유지한다. 인간은 사회적 동물이므로 혼자 살아가는 것이 힘들고 더불어, 여럿이, 어울려서 살아가는 것이 기본이다. 그렇기에 본인의 성향을 스스로 판단하고 자기와 유사한 성향을 가진 사람과는 끌림이 있고, 그렇지 못한 사람과는 이타심이 생기게 마련이다. 따라서 인간의 심리와 성격유형을 알아보는 다양한 방법을 통해 타인과 소통하고 교류하는 노하우를 학습하는 것이 중요하다.

1 에니어그램의 개념

에니어그램(Enneagram)이란 고대의 전통적인 영적 지혜에 근간을 두고 있으며, 이를 현대의 사회행동심리학과 접목시켜 인간의 행동심리를 알아보는 성격유형체계를 의미한다. 에니어그램은 그리스어로 에니어(Ennea)는 숫자 아홉(9)을 뜻하고, 그램(Gram)의 합성어이다. 그램은 그라모스(Grammos)에서 유래된 것으로 그 의미는 점(Point) 또는 그림, 도형을 뜻한다.

2 에니어그램의 분류법

에니어그램은 인간의 성격유형을 3가지로 분류하였는데 세부적으로는 다음과 같다.

먼저 본능을 중심으로 하는 '장형'을 '본능형'이라 하고, 가슴을 중심으로 하는 '가슴형'을 '감각형'이라고 하며, 사고를 중심으로 하는 '머리'를 '사고형'이라고 한다. 이는 하나의 유형이 본인 행동의 가장 근본이 되고, 나머지 2개의 그룹과도 상호 관련성이 있다고 한다. 구분한 9개의 유형들은 원을 중심으로 나열되어 있고, 하나의 유형이 정해지면 양쪽 옆 좌우의 유형이 자리 잡게 되고, 이 두 가지 유형 중 특성이 짙은 부분의 한 개의 날개가 그 사람의 에니어그램 유형을 구분하는 날개가 된다.

에니어그램의 3가지 성격유형

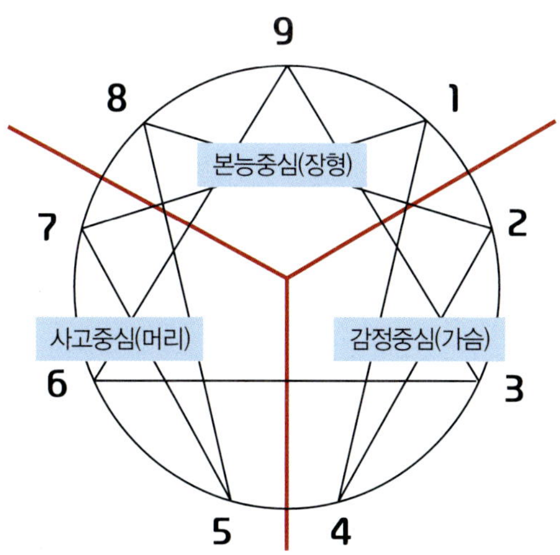

사람들은 대부분 양쪽 날개가 균형 있게 사용되는 경우는 거의 드물고, 두 날개 중 더 강하게 나타나는 날개를 그 사람의 유형이라고 이해하면 된다.

3 에니어그램 유형별 특징

에니어그램 유형에 따라 인간의 성향을 구분한 결과 총 9가지의 성향으로 구분할 수 있으며, 세부적인 특징은 다음과 같다.

(1) 개혁자

일에 대해서 원리와 원칙이 중요하고, 올바른 가치관의 소유자이며, 항상 이성적이고 이상적인 유형으로 3가지 그룹으로 분류하면 본능중심형이다. 이 유형은 원칙적이고 목표가 분명하며 자신을 잘 통제하고 완벽주의의 기질이 있다. 이러한 유형에 적합한 직업은 교사, 활동가, 변혁가, 도덕주의자, 완벽주의자, 조직생활 능통자의 유형이다.

(2) 조력자

항상 타인을 배려하고 대인관계를 중요하게 여기는 유형으로 감정중심형이다. 이 유형은 타인에게 관대하고 자신의 감정을 잘 표현하며 사람들을 즐겁게 해 주고 소유욕이 강한 성향이다. 이러한 유형에 적합한 직업은 사회복지사, 요양보호사, 레크리에이션 강사, 조력자 등 남을 돌보는 직업이 적합하고, 특징으로는 이타주의자, 배려심 많은 사람 등이 이에 속한다.

(3) 성취인

성공과 명예를 중시하고, 항상 실용성을 추구하는 감정중심형이다. 이 유형은 새로운 환경에 적응을 잘하고 평소 타인이 자신을 어떻게 보는지에 대한 남의 이목을 중요하게 생각한다. 이러한 유형에 적합한 직업은 기업가, 사업가, 대표, 리더, 정치인 등이 있으며, 특징으로는 동기부여를 잘 하는 사람, 모범과 귀감이 되는 사람, 타인과 소통이 잘 되는 사람, 사회적인 지위를 추구하는 사람 등이 이에 속한다.

(4) 예술가

한 마디로 표현하면 개인주의자가 많고, 민감하고 내면으로 움츠러드는 감정중심형이다. 모든 세상이 본인 중심으로 돌아가야 하고, 본인은 항상 타인에 비해 우월하고 특별하다는 인식이 강한 성향이다. 이러한 유형에 적합한 직업은 예술가이며, 특징으로는 낭만주의자, 희생자, 특별한 사람 등이 이에 속한다.

(5) 탐구자

삶에 있어서 낭만과 고독을 즐기는 방랑자의 유형으로 사고중심형이다. 성향은 항상 예민하고 조용하고 생각이 많다. 지적 호기심이 강하고 집중력과 기억력이 뛰어나고 섬세한 성향으로 자기만의 고집과 철학이 있고 항상 이성적이고 냉철하다. 이러한 성향에 어울리는 직업으로는 사상가, 관찰자, 전문가 등이다.

(6) 충성인

일에 있어서 충실하고 안전을 추구하는 사고중심의 머리형이다. 성향은 책임감이 있고 의심과 불만이 많으며 타인에게 호감을 주는 사람이다. 이러한 성향에 어울리는 직업으로는 분쟁조정지, 상담자, 변호사 등이다.

(7) 열정인

모든 것에 대한 열정주의자로 항상 바쁘고 재미를 추구하는 사람으로 사고중심형이다. 이 성향은 항상 밝고 긍정적인 마인드의 소유자이고, 가끔은 즉흥적이고 변덕스러운 경우도 있으며, 욕심이 많고 주의가 산만한 경우가 있다. 이러한 성향에 어울리는 직업은 교육자, 언론인, 지식인, 변호인 등이 있다.

(8) 지도자

일에 있어 도전의식이 강하고 리더십이 강한 유형으로 본능중심형이다. 이 성향은 자신감이 있고 결단력이 좋으며 다소 고집스러운 면도 있고, 자기주장이 강하여 사람들과 논리적으로 다투는 것에 흥미가 있다. 이러한 성향에 어울리는 직업은 리더, CEO, 기업가, 전투가 등이다.

(9) 조정자

자유와 평화를 사랑하는 평화주의자로 느긋한 성격으로 항상 남을 배려하려는 습성이 있는 본능중심형이다. 이 성향은 수용적이고 타인을 위로하고 위안을 주는 성격이며, 자기애가 강한 사람이다. 이러한 성향에 어울리는 직업으로는 사회복지사, 변호사, 타협가, 상담사 등이 있다.

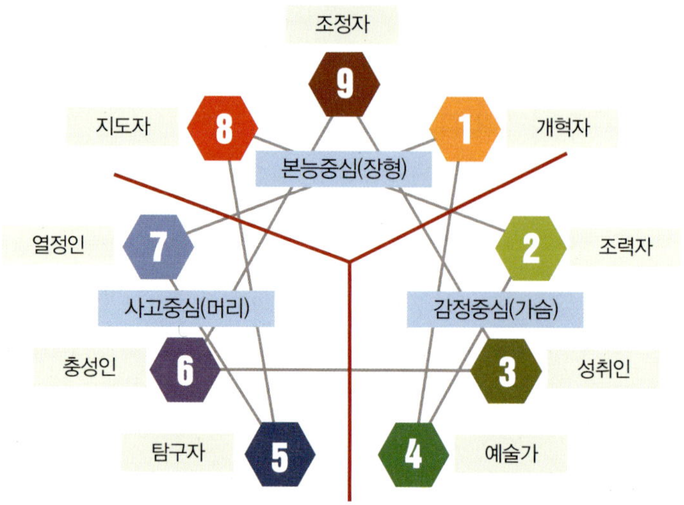

4 에니어그램 검사방법

자신의 에니어그램 성향을 알아보기 위해 아래의 검사 사이트를 참고하여 설문에 참여해보기를 권장한다. 도출된 결과는 'Yes'또는 'No' 를 어떻게 체크하느냐에 따라 결과는 달라질 수 있고, 설문내용을 읽고 깊게 생각하기보다는 직관적인 판단에 의해 빠르게 체크하는 것이 보다 정확한 자신의 에니어그램 유형을 파악하는 데 도움이 된다.

+ Keypoint

에니어그램 검사 주소

https://enneagram-app.appspot.com/quest

테스트 방법

1. 두 그룹(A, B)의 내용을 보고 당신의 태도와 행동을 가장 잘 반영하고 있는 문항을 Yes or No를 선택한다.
2. 깊게 생각하지 말고 직관적으로 체크하는 것이 보다 정확한 결과를 얻는다.

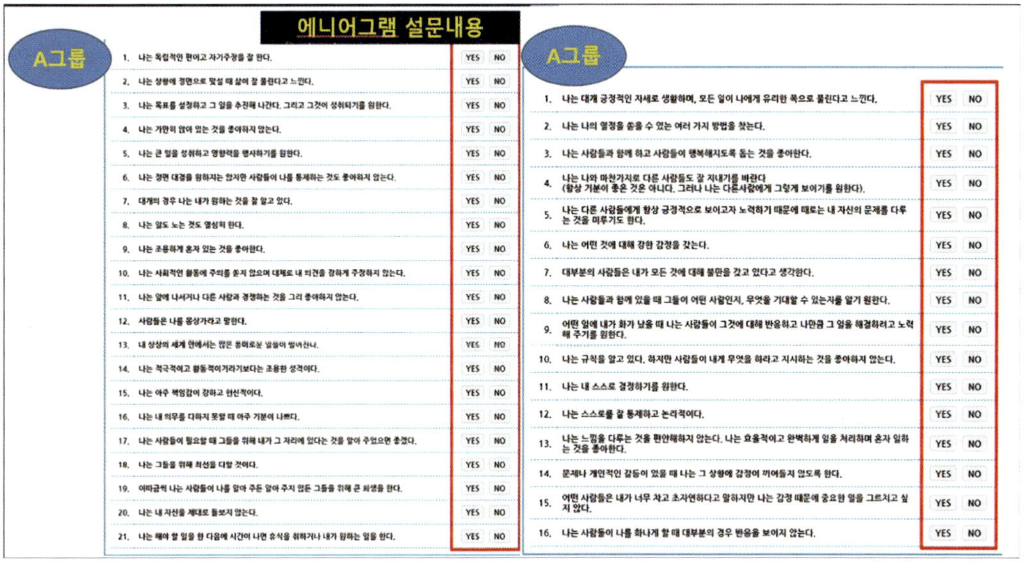

[그림 4-4] 에니어그램 설문내용

· 토론 및 메모 ·

· 본인의 에니어그램 성향을 검사해 보세요.

THE
MARKETING
MIX
PRODUCT
PLACE
TARGET
MARKET
PRICE
PROMOTION

Chapter 05

서비스마케팅 및 판촉전략

1. 서비스마케팅
2. 홍보전략
3. 판촉전략

1. 서비스마케팅

현대인은 다양한 서비스 환경 속에서 더불어 살아간다. 서비스를 하는 주체와 서비스를 받는 사람으로 구분되는데 주로 뷰티, 호텔, 관광, 의료, 요식업 등의 다양한 서비스를 체험하게 된다. 마케팅은 주로 제품 판매를 활성화시키는 방법으로 고객가치를 창조하고, 이를 효과적으로 전달하여 고객을 확보하고 유지하며 증대하는 여러 가지 활동을 의미한다. 따라서 효율적인 서비스마케팅을 위해서 이에 대한 정의를 이해하는 것이 중요하다.

1 서비스마케팅의 정의

서비스마케팅에 대해 미국마케팅협회(AMA)는 서비스를 판매하기 위해 제공되는 또는 상품판매와의 관계에서 준비되는 재활동, 편익, 만족이라고 정의하였다. 이를 달리 표현하면 서비스를 통해 고객의 수요와 욕구를 충족시킴으로써 마케팅 목표를 달성하는 기업의 활동을 의미한다.

서비스는 무형성으로 형태가 없고, 생산과 구매, 소비가 동시에 이루어지는 동시성 또는 비분리성의 성질이 있으며, 서비스의 표준화와 규격화가 어려운 이질성, 보관과 저장이 불가능한 소멸성의 다양한 특성을 가지고 있다. 이를 적용하여 효율성 있는 마케팅을 하기 위해서는 대부분 마케팅 4P를 활용하는 경우가 많은데, 요즘은 좀 더 세분화하여 마케팅 7P를 적용하는 경우가 많다.

2 마케팅믹스 4P

제품의 판매 또는 서비스 분야에도 마케팅은 필수 요소이고, 시대가 변함에 따라 마케팅 방법도 전략적으로 접근할 필요가 있다. 마케팅믹스 4P는 기업이 마케팅활동에 필요한 4가지 요소를 의미하는데, 판촉(Promotion), 상품(Product), 가격(Price), 유통경로(Place)이다.

① **상품**(Product) : 재화 또는 서비스의 개념으로 기업이 어떤 제품을 어떤 콘셉트로, 어떤 조건으로 판매할 것인지, 이 제품의 특징은 무엇인지, 고객이 왜 이 제품을 구매해야 하는지(Why), 이 제품의 이점(Benefit)은 무엇인지, 이 제품의 핵심 포인트(KBF: Key Buying Facts)를 구상해야 한다. 이러한 요건들이 명확해야 고객은 제품을 구매하고, 추후 재구매로 이어질 것이다.

② **가격**(Price) : 제품의 가격을 의미한다. 요즘 고객들은 가성비와 가심비를 추구한다. 가성비는 주로 저가제품에 적용하는 경우가 많은데 가격 대비 성능을 의미하고, 가심비는 주로 저가제품보다는 고가제품에 적

용하는 경우가 많은데, 가격 대비 마음의 만족도를 말한다. 가격을 구성할 때는 항상 경쟁사 또는 경쟁제품의 가격을 사전에 조사하여 반영하는 것이 좋다.

③ **유통경로**(Place) : 제품의 유통경로이며, 이는 제품을 어디에서 판매할 것인지를 파악하는 것이 중요하다. 그 이유는 제품의 판매 장소에 따라 제품의 브랜드는 물론 제품의 콘셉트도 달라질 수 있기 때문이다. 예를 들면, 백화점을 유통경로로 잡으면 중산층 또는 고소득자를 겨냥하여 럭셔리한 콘셉트가 효율적이고, 온라인 판매는 주로 인터넷 활용과 검색이 용이한 20~30대가 주로 이용하므로 가성비 중심의 소비자를 타깃으로 한 제품의 콘셉트를 결정하는 것이 중요하다.

④ **판촉**(Promotion) : 제품의 판촉활동으로 어떻게 판매할 것인가를 결정하는 요소이다. 즉, 판매를 위해 가격행사, 할인행사, 사은품, 증정행사, 포인트 적립 등을 어떻게 할지를 결정하게 된다. 제품의 광고, 홍보, 영업, 직접판매, 바이럴, 인터넷 판촉 등의 다양한 판촉활동을 의미하며, 기업은 해당 제품이 잘 판매될 수 있도록 판매전략을 구상하는 것을 말한다.

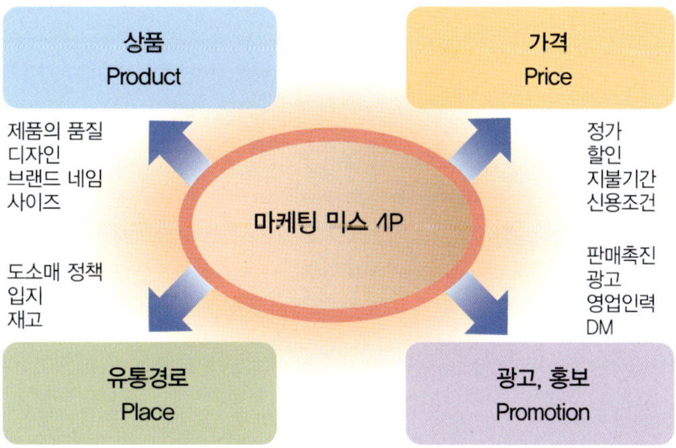

3 서비스마케팅 7P

서비스를 어떻게 마케팅을 할지를 결정짓는 마케팅 전략은 먼저 마케팅 목표를 수립하는 것이 중요하다. 즉, 마케팅 목표를 달성하기 위해 활용되는 여러 가지 수단들을 마케팅 믹스라고 하는데, 기존의 4P(Product, Price, Place, Promotion)에서 3가지(Process, Physical Evidence, People)를 추가하여 확장된 서비스마케팅의 정의에 대해서 알아본다.

(1) 상품(Product)

서비스 상품이란 소비자, 즉 구매자가 상품에 대한 가치를 구매함으로써 만족감을 느끼게끔 하는 요소들을 의미한다. 서비스 상품은 형태가 없는 무형이므로 이를 고객들에게 가시적으로 보여주면서 존중받고 있다고 느끼는 것이 매우 중요하다. 따라서 서비스 상품에 대한 불안감을 해소해주고 신뢰감을 형성할 수 있도록 최선을 다해야 한다.

(2) 가격(Price)

가격이란 서비스나 제품을 구매하거나 소비하면서 고객들이 지불하는 돈, 시간, 기타 노력 등을 의미한다. 통상적으로 제품의 가격이란 정해진 것이 대부분이지만, 서비스의 경우에는 원가 요소를 산정하여 자신의 노하우와 테크닉, 경력, 인지도 등을 감안하여 주관적인 견해로 책정하므로 일정한 규칙도 없고 지극히 주관적이다.

(3) 경로(Place)

경로란 소비자 또는 구매자에게 서비스 상품을 언제, 어디에서, 어떻게 서비스를 전달할 것인지에 관한 문제이다. 서비스는 가시적이지 않은 무형이므로 고객이 쉽게 접근하고 찾을 수 있는 안전하고 안정된 공간과 경로가 필요하다.

(4) 촉진(Promotion)

기업이 고객 또는 소비자에게 어떤 상품에 대해서 홍보하고 광고하는 일종의 커뮤니케이션을 의미한다. 대부분의 서비스는 주로 구전으로 전해지는 경우가 많아 기업의 이미지를 긍정적으로 형성하는 것이 중요하고 지속적인 프로모션이 진행되어야 할 것이다.

(5) 과정(Process)

서비스는 하나의 과정을 통해 만들어지고 구매자에게 전달된다. 따라서 서비스의 효율성을 높이고 고객만족을 증대하기 위한 서비스 생산 및 전달시스템 체계의 수립이 매우 중요하다고 할 수 있다. 또한 프로세스의 롤플레이 방식으로 미리 상황을 특정하고 예행연습을 해 보는 것이 중요하다.

(6) 물리적 근거(Physical evidence)

서비스업에서 인적 자원만큼 중요한 것이 서비스 환경이다. 쾌적하고 안전한 서비스 환경 조성을 위해서는 사전 조사가 철저히 이루어져야 하고, 이는 곧 기업 이미지의 호감도 상승 및 재방문 의사로 연결된다.

(7) 사람(People)

서비스는 인적 자원의 퀄리티에 따라 결정되는 것이기에 훌륭한 직원을 채용하는 것이 중요하다. 서비스자의 서비스 마인드, 컨디션, 인성, 태도, 노하우 등의 다양한 요소에 따라 고객이 느끼는 서비스만족도는 달라질 수 있기에 성공적인 인재경영이 필요하다.

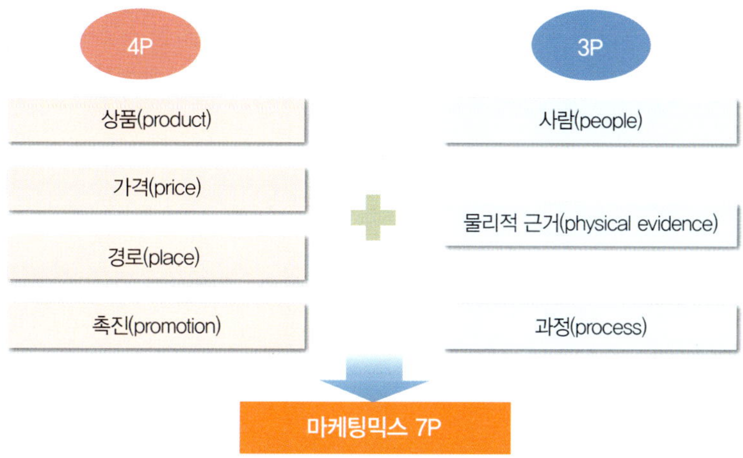

4 통합적 마케팅 커뮤니케이션(IMC)의 개념

전통적 프로모션(판매 또는 촉진) 관리에 대한 새로운 접근 방법으로 전통적 마케팅 커뮤니케이션믹스와 새로운 요소를 통합하여 일관성 있고 명확하며, 이해 가능한 커뮤니케이션을 통하여 최대한의 효과를 달성하는 것을 목표로 한다. 이는 브랜드 인지도 각인은 물론 사용자의 편의성, 정보, 신뢰감, 감성까지 홍보하여 모든 분야에서 고객이 만족하고 신뢰하며 충족할 수 있도록 마케팅하는 것을 의미한다.

· 토론 및 메모 ·

· 나만의 획기적인 서비스마케팅 방법을 수립해 보세요.

2. 홍보전략

홍보는 기업의 이미지와 판매하는 제품을 보다 확실하고 빠르게 소비자에게 알리기 위해서 하는 마케팅 수단으로, 일반적으로는 자체적인 기업 홍보전략과 광고대행사를 통해 홍보하는 경우가 있다. 홍보전략을 어떻게 수립하느냐에 따라서 기업의 매출과 직결되기에 보다 체계적이고 전문적인 홍보전략의 수립이 필요하다. 일반인도 자신의 이미지를 SNS를 통해 홍보하는 경우가 많은데, 이에 대한 효과는 무관심을 관심으로, 비호감을 호감으로 바꿀 수 있는 긍정적인 역할을 하게 된다.

1 홍보의 개념

홍보의 사전적인 의미는 널리 알리는 것을 의미하고, 다른 의미로는 'PR'이라고 한다. 이는 자신의 정책이나 주장, 행위, 업적 등에 대해 타인들로 하여금 호감을 갖도록 하는 것이고, 기업은 홍보전략의 핵심인 광고를 통해 제조업자에게는 제품판매의 수단으로, 고객에게는 정보의 원천으로 상호 매개 효과를 줄 수 있다. 또한 단체, 관공서 등에서는 기관의 청렴도, 신뢰도에 중요한 영향을 미치게 된다.

2 홍보의 목적

고객에게 정보를 전달하고 이와 동시에 구매를 자극하고 설득하여 제품이나 브랜드에 대한 우호적인 태도를 형성하는 것이 목적이다. 또한 제품을 널리 홍보하고 알림으로써 타 기업 입장에서는 경쟁의식이 형성되게 함으로써 상호 시너지 및 변화의 촉매제 역할을 하게 된다.

3. 판촉전략

1 판촉전략의 개념

판촉은 소비자들의 소비욕구를 불러일으키고 자극함으로써 판매가 증가될 수 있도록 하는 홍보전략의 한 요소이다.

2 판촉전략의 목적

판매를 직접적으로 발생시키는 마케팅 수단으로 서비스 업체의 이미지 개선 및 향상과 호감 이미지로 각인시키고, 직·간접적으로 이윤을 창출할 때 쓰이는 커뮤니케이션의 일종이다. 세일즈 프로모션은 소비자가 서비스 업체에 방문할 수 있는 기회를 제공하고, 이는 곧 신규고객을 창출하며, 기존 고객에게는 업체에 대한 신뢰도와 충성도로 연결되어 매출 증대에 중요한 역할을 하게 된다.

3 홍보·판촉전략의 종류

홍보 및 판촉을 위한 전략은 다양하다. 어떤 수단을 활용하느냐에 따라 기업의 매출과 직결되기에 기업의 컨디션을 반영하여 최상의 전략을 수립하는 것이 중요하다.

(1) 광고

코틀러(P.Kotler)는 광고의 목적은 정보를 알리고 소비자를 설득하여 소비자의 기억 속에 자사의 브랜드를 회상시키는 것이라고 하였다. 광고(Advertising)는 광고주가 소비자의 행동과 태도에 영향을 줄 목적으로 신문, 방송, TV, 라디오, 지하철, 옥외광고 등의 광고매체를 통해 유료로 정보를 전달하는 과정을 의미하며 크게 두 가지 관점으로 구분할 수 있다.

(2) PR(Public relations)

홍보와 유사 용어로 사용되는 PR은 다양한 이해관계자 간의 신뢰를 구축하는 커뮤니케이션의 도구를 의미한다. 이해관계자로는 종업원, 주주, 소비자, 정부, 민간단체 등을 의미한다.

PR에 사용되는 종류는 뉴스, 신문, 잡지, 협찬 등을 통해 자사의 제품을 알리는 것이다. 대표적으로는 영화를 제작했을 때 개봉 전 초대장의 증정 또는 시사회 등을 통해 상품에 대해 호기심을 자극하여 판매를 유도하는 것이 목적이다.

(3) 인적 판매(Personal selling)

제품을 판매할 때 판매자가 구입을 유도하기 위해 예상고객과 직접 접촉하여 커뮤니케이션을 통해 판매가 이루어지는 과정을 의미한다. 인적 판매는 고객과 대면하는 상호작용으로 다른 촉진보다는 효과가 좋다는 장점이 있고, 즉각적으로 피드백을 얻어 판매 방식에 효과적으로 적용할 수 있다. 일례로는 제품의 시연 또는 시식회 등이 이에 해당된다.

(4) 판매촉진(Sales promotion)

판매촉진에 대해서 코틀러(P. Kotler)는 소비자나 유통업자가 특정 제품을 더 빨리 혹은 더 많이 구매하도록 자극할 수 있는 단기적 수단의 집합이라고 하였다.

판매촉진에 대한 광의의 의미는 인적 판매, 광고 및 기타의 보조적 판매활동을 뜻하고, 협의의 의미로는 인적 판매와 광고를 보완하고 그에 협동함으로써 판매활동을 지원하는 것이다. 일례는 쿠폰, 보너스팩, 사은행사, 경품, 콘테스트, 전시회 등이 이에 해당된다.

· 토론 및 메모 ·

· 나만의 차별화된 판촉전략에 대해서 토론해 보세요.

참/고/문/헌

하승희(2019). SMAT서비스경영모듈B. 케듀아이.

곽진만 외 11인(2018). 뷰티서비스고객관리와 경영관리. 성안당.

네이버 백과사전.

https://think-trigger.com/%EC%B4%88%EB%91%90%ED%9A%A8%EA%B3%BC/

https://post.naver.com/viewer/postView.nhn?volumeNo=17823150&memberNo=15002820&vType=VERTI-
CAL

https://narrare3.tistory.com/entry/%E2%9C%94%EC%B4%88%EB%91%90-%ED%9A%A8%EA%B3%B-
CPrimacy-Effect-%EC%8B%AC%EB%A6%AC%ED%95%99-%EC%9A%A9%EC%96%B4-%EC%B2%AB-
%EC%9D%B8%EC%83%81-%EC%B4%88%EB%91%90%ED%9A%A8%EA%B3%BC-%EC%82%AC%EB%A1%80-
%EC%86%94%EB%A1%9C%EB%AA%AC-%EC%95%A0%EC%89%AC-%EA%B2%8C%EC%8A%88%ED%8
3%88%ED%8A%B8-%EC%B5%9C%EC%8B%A0-%ED%9A%A8%EA%B3%BC-%EC%82%AC%EB%A1%80-
%EB%A1%9C%EB%B2%84%ED%8A%B8-%EB%9D%BC%EB%82%98-%EC%84%9C%EC%97%B4-
%EC%9C%84%EC%B9%98 %ED%9A%A8%EA%B3%BC-%EB%A9%94%EC%8B%9C%EC%A7%80

https://n.news.naver.com/mnews/article/001/0012870458

https://n.news.naver.com/mnews/article/011/0004058670